爱自己的100种方式

少女猫 著　　钢琴节奏 绘

北京日报出版社

图书在版编目（CIP）数据

爱自己的 100 种方式 / 少女猫著 ; 钢琴节奏绘 .

北京 : 北京日报出版社 , 2024. 9. -- ISBN 978-7
-5477-4995-1

Ⅰ . B848.4-49

中国国家版本馆 CIP 数据核字第 202473SY04 号

爱自己的 100 种方式

出版发行：北京日报出版社

地　　址：北京市东城区东单三条 8- 16 号东方广场东配楼四层

邮　　编：100005

电　　话：发行部：（010）65255876

　　　　　总编室：（010）65252135

印　　刷：运河（唐山）印务有限公司

经　　销：各地新华书店

版　　次：2024 年 9 月第 1 版

　　　　　2024 年 9 月第 1 次印刷

开　　本：880 毫米 ×1230 毫米　1/ 32

印　　张：7. 5

字　　数：170 千字

定　　价：52. 00 元

目录

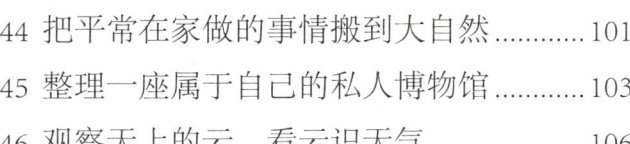
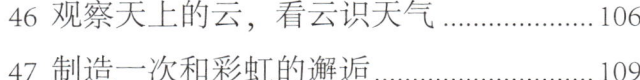

 **虽然很累，但还是要看一次日出**

晨曦初现，天边泛着微红，慢慢地，太阳露出笑脸。它温柔地吻醒了大地，激励着我们迎接新的一天。

无论生活有多么辛苦，都要去看一次日出。因为那是一种对生活的热爱，是一种对生命的尊重，是一种对自己的肯定。只有亲自去体验，才能真正感受到那种无以言表的美丽和感动。

当你站在山顶，看着太阳从地平线上升起，那一刻，你会感到心灵被洗涤，感到无比宁静和平和。你会忘记当下生活中的烦恼和压力，只专注于眼前的美景。你会发现，原来世界是如此美好，生活是如此值得珍惜。

2 下雨的日子，来一杯热茶

雨声悠悠，窗外的世界被雨幕所笼罩，摇曳的花儿，似乎也在悄声诉说。捧一杯热茶在手，暖暖的，让心情慢慢归于平静。

茶叶在热水中舒展，散发着淡淡的清香，在那一片片纤细的茶叶上，每一点徐缓的舒展，都有着对岁月淡淡的理解和诠释。弥漫的茶香温柔地抚慰心灵的每一个角落。

下雨天与热茶的邂逅，是一种美妙的体验。它让我们在忙碌的生活中找到片刻的宁静，让我们在寒冷的雨天感受到温暖的关怀。那是一种来自大自然的抚慰。

雨滴敲打着窗户，发出悦耳的声音。屋内，一壶热茶散发出淡淡的香气，与窗外的雨幕交织在一起，形成了一幅美丽的画卷。茶香弥漫在整个房间，让人不禁想起了那些温馨的时刻，而那些记忆，都在茶香中得到了升华，成为永恒的美好。

喝茶的过程中，我们也可以感受到茶的生命力。它从一片绿叶，经过采摘、晒干、发酵等一系列过程，最终变成了我们杯中上下浮动的茶叶。这个过程，就像是生命的轮回，充满奇迹与美好。

茶制作流程

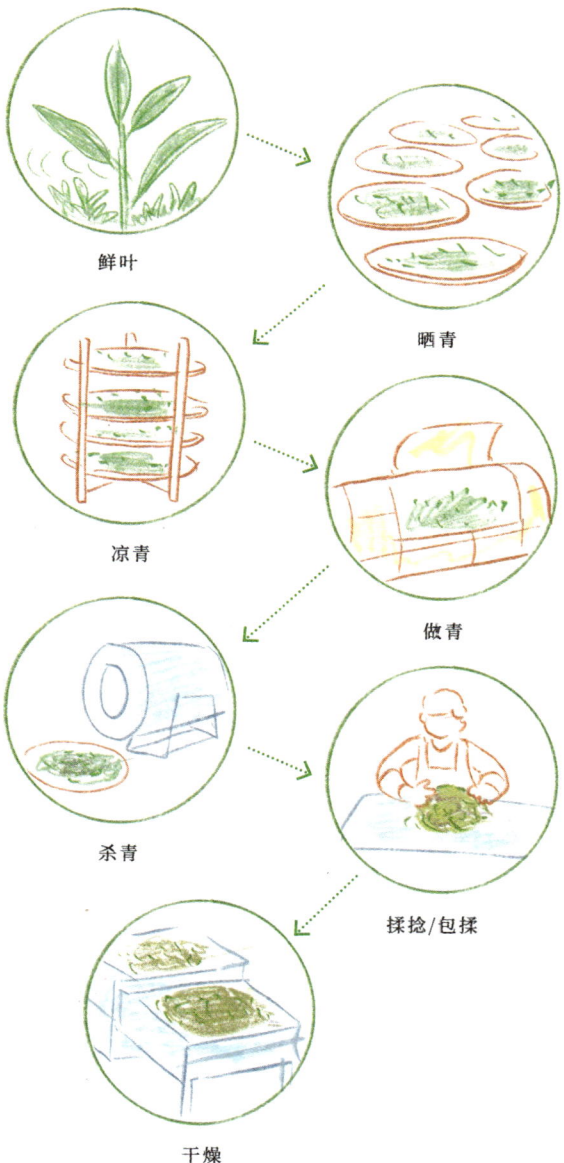

鲜叶

晒青

凉青

做青

杀青

揉捻/包揉

干燥

3　选一项放松的项目，比如泡温泉

在快节奏的现代生活中，我们常常被各种压力困扰。我们要想保持身心健康，就要找到一种方式来放松自己。

如果你更喜欢在水中放松，那么泡温泉可能是你的最佳选择。

温泉（hot spring）是泉水的一种，严格意义说，是从地下涌出的自然水。温泉水中富含各种矿物质，这些矿物质对人体有很好的滋养和修复作用。泡在温泉中，你会感到全身肌肉都在水的浸润之下松弛了下来，仿佛所有疲劳都被溶解了。而且，温泉中的矿物质还能深入皮肤，改善皮肤的健康状况，让你的皮肤变得更加光滑细腻。

泡温泉的步骤

1. 探试池温。先用手或脚探测泉水温度是否合适，千万不要一下跳进温泉泡池中。

2. 伸出双脚慢慢浸泡，然后用手不停地将温泉水泼淋全身，最后再全身浸入泉水中。

3. 先暖后热。温泉区内不同温度的泡池，在体验时不妨从低温度池到高温度池，逐步适应泉水温度。

4.控制时间。一般泡温泉可分次反复浸泡，每次为 20 至 30 分钟，如果感觉口干、胸闷，就到池边歇一歇，做一做舒展运动。

5.注意冲身。尽量少用洗发水或沐浴液，用清水冲身即可。

6.注意多喝水。人体水分会迅速蒸发，要注意喝水补充。

小贴士

温泉虽好，不是人人适宜哦

❀ 高血压、心脏病患者，在按规定服药的前提下，可以泡温泉，但每一次以不超过 20 分钟为宜。起身时应谨慎缓慢，以防因血管扩张、血压下降导致头昏眼花而跌倒。

❀ 患冬痒症、湿疹、特应性皮炎等皮肤病的人，不要泡得过久，否则会由于皮肤水分加速蒸发，破坏皮肤保护层，造成病情恶化。

4　打开视频，学着做一道新菜式

做菜搅动的是心中的情感，调和的是生活的酸甜苦辣，烹煮的是对家的思念。

调味料的香气，勾起记忆深处的味道；热油溅起的瞬间，点燃心中的激情。厨房，是生活的舞台；混合的调料，是情感的交融；锅碗瓢盆碰撞出的声音，是岁月的交响乐。

跟着视频学做菜，不仅可提高厨艺，更是在表达对生活的热爱。佳肴是辛勤的果实，美味是汗水的结晶，炊烟袅袅唤起人们心底的温情。

美食大推荐

清蒸鲈鱼

主要原材料有鲈鱼、生姜、香葱等

口味咸鲜，开胃

制作方法：

1、将鱼处理干净，内外抹盐，放姜片，然后入锅蒸 10 分钟左右；

2、去掉盘里蒸出来的汤汁，去掉旧的姜片，在鱼上撒葱姜丝；

3、起锅烧油，倒在鱼上，再倒入适量蒸鱼豉油即可。

 **整理物品，虽然辛苦但很满足**

在时光的角落里，整理物品，就是在整理心绪。

整理物品的过程，就像是一场自我对话。每一件物品都是我们生活的一部分，它们承载着我们的记忆和情感。通过整理，我们得以重新审视这些物品，从而回顾过去，思考未来。这个过程虽然辛苦，但却能让我们更深入地了解自己，找到自己真正需要的东西。

整理物品也是一种释放压力的方式。当我们面对一堆杂乱无章的物品时，往往会感到压力很大。但是，当我们开始整理，让每一件物品都待在适当的位置，这种混乱的感觉就会逐渐消失，取而代之的是一种平静和满足。

整理物品还能帮助我们提高效率。这是因为如果我们的物品都井然有序，我们就能在需要的时候快速找到它们，而不是在一堆杂物中翻找浪费时间。

整理物品的奇妙之旅：从混乱到有序的快乐转变

Tips

1. 分类整理

将物品分类，比如衣物、书籍、文件、日常用品等，然后再根据分类将之放置到相应的位置。

2. 减少物品

对那些已经不再需要的物品进行处理，可以选择捐赠或者回收，让空间变得更加宽敞整洁。

3. 合理收纳

可以使用收纳箱、抽屉隔板、衣柜分隔架等收纳用具，将物品有序地放置起来，这样不仅能够节约空间，还能够让物品更加易于管理和寻找。

4. 定期清理

可以每周或每月安排一些时间进行清理，清理一下灰尘、整理一下杂物，让家居空间保持整洁。

 ## 6 走向陌生的街区，来一次超短期旅行

走向陌生的街区，来一次超短期旅行，不仅可以让我们的生活变得更加丰富多彩，也可以让我们的心胸变得更加宽广。这个街区可能连名字你都不曾知晓，也可能是你每天都会经过却从未停下脚步的地方。这里没有鳞次栉比的商铺，没有热闹的景点，只有那些被岁月遗忘的老房子，静静地诉说着过去的故事。

你可以在小巷子里找到一家小店，品尝那些只有当地人才知道的美食。

你可以漫无目的地在街头闲逛，欣赏那些风格独特的建筑，感受那种宁静的氛围。

你可以在小店逛一逛，去公园看一看，拍下旅途中的风景。

　　这种超短期的旅行，不需要精心计划，不需要大量时间，只需要一颗愿意云探索的心。你会发现，这个世界比你想象的要大得多，也要美得多。

　　最重要的是，这次旅行会让你找回那份久违的快乐。你会发现，快乐并不是来自物质的满足，而是来自对生活的热爱和对未知的探索。

 **7 坚持学习一项技能，什么技能都行**

在这个日新月异的时代，我们每天都在接触新的知识，但是学习这件事需要我们持之以恒，日积月累。

技艺如同古老的树木，唯有终年累月，方能根深叶茂。

学习陷阱

学习之路

学成

看不懂

坚持下来是对的

太难了

Yeah，搞定了

这就是学习的感觉

可以寻求帮助

如果你没跳出陷阱，就可能没有学会

不学了

我可以再试试

学习的过程，也是一个自我挑战的过程，因为我们会遇到各种各样的困难和挑战，会因之感到疲惫，甚至想要放弃。然而，正是这些困难和挑战，让我们学会了坚持，学会了不屈不挠。每一次面临的挑战，都是我们成长的机会；每一次遇到的困难，都是我们提升自我的契机。

当我们真正掌握了一项技能，我们就拥有了一种可以改变自己，甚至改变世界的力量。这种力量不仅可以让我们在职场上取得成功，也可以让我们在生活中找到乐趣。我们可以用自己的技能去创新，去创造，去实现自己的梦想。

8 为自己布置一顿烛光晚餐

蜡烛在桌子上一一燃起，灯芯在空气中跳跃，散发出柔和的光芒。

在这静谧的夜晚，让心灵享受这美好的时光。

我们品尝着美食，感受着生活的美好瞬间。

红酒如诗般流淌，琴声悠扬。

在这温馨的氛围中，我们寻找自己内心的那份宁静与安详。

烛光晚餐不仅是一顿美食，更是一种心灵的享受。

在用餐的过程中，你可以反思自己的生活，审视自己的内心。你会发现，原来自己一直追求的那些东西，其实并不重要。真正重要的是，学会去享受生活，去珍惜每一个美好的瞬间。

烛光晚餐 tips

首先，选择一个合适的地点。这个地点可以是家里的阳台，也可以就在自家的餐厅。关键是要让自己感到舒适和放松。

然后，布置餐桌。一张干净的餐桌是烛光晚餐的基础。你可以选择一块漂亮的桌布，铺在餐桌上，让整个环境显得更加优雅。此外，还可以摆放一些鲜花、蜡烛和装饰品，增加浪漫氛围。当然，餐具的选择也不能忽视。一套精致的餐具，可以让你的烛光晚餐更加完美。

最后，准备美食。烛光晚餐的菜品可以根据个人口味来选择，但一定要色香味俱佳。你可以尝试一些新的烹饪方法，如慢炖、烤制等，让美食更加诱人。此外，还可以搭配一些美酒，让用餐过程更加浪漫。

9 认养一棵树

在家附近，认养一棵树，是一种情感的承诺。

但你知道如何去养好一棵树吗？现在我们就来学习如何养好一棵树：

1. 选择适合的树种，为它命名。不同的树种生长情况也不相同，你可以根据它的特点，给它起一个合适的名字，并为自己制作一个领养证书。

2. 为树提供适当的养分。树的生长需要养分，我们可以定期为树施肥。同时，我们也要注意不要过度施肥，否则会烧伤树的根系。

3. 定期为树进行修剪。修剪可以帮助树保持良好的形状，也可以促进树的生长。但切忌过度修剪，否则会影响树的生长。

养好一棵树并不是一件容易的事情，它需要我们的耐心和细心。

Tips: 用一张纸测量一棵树的高度

①
准备一张正方形的纸和一把卷尺。

②
把纸对折成三角形。

45° 的正切值是 1，这个公式可以简单地写成:

树高 ÷ 树到你的距离 =1

公式两边分别乘以树到你的距离，就得出:

树高 = 树到你的距离

③ 把三角形举到眼前。其中一条短边横放，另一条短边竖放。当你抬起眼睛的时候，可以沿着那条长边看到三角形的顶点。

④ 从树那里向后退，直到你顺着手中三角形的斜边看到树顶。树顶就相当于三角形的顶点。闭上一只眼，用另一只眼沿着"三角形"的斜边看向顶点。

⑤ 测量一下从你站的这一点到树的距离。因为你是站着用眼睛看的，所以你还要加上自己的身高，基本上就可以算出树的高度了。

10 策划一场聚会

聚会的意义远不止于欢聚一堂，它更是一种心灵的交流、生活的调剂和人生的体验。在聚会中，我们可以体验到亲情、友情、爱情等各种人生的美好。这种人生的体验能够让我们更加深刻地理解人生的意义。

让我们珍惜每一次与亲朋好友相聚的机会，让聚会成为我们人生中美好的回忆。

那么，要如何策划一场温暖有趣的聚会呢？让我们一起准备吧！

1. 明确主题

一个有趣的主题是聚会成功的关键。你可以根据季节、节日或者大家的共同兴趣来设定主题。

2. 精心布置

温馨的环境能让聚会更加愉快。你可以根据自己的喜好和主题来布置场地，摆放各种鲜花，营造出浪漫的氛围；摆放各种丰收的果实，让大家感受到丰收的喜悦；摆放礼物、毛毯等物品，让大家感受到家的温暖。

3. 丰富的活动

为了让聚会更加有趣，你可以准备一些活动。例如，可以组织一场才艺表演，让大家展示自己的才艺；可以安排一个游戏环节，让大家在游戏中增进感情；还可以设置一个抽奖环节，让大家都有机会获得令人惊喜的礼物。

4. 美食佳肴

美食是聚会的灵魂，你可以根据不同的主题来准备丰盛的菜肴，还可以为宾客准备一些小点心和饮料，让他们在聚会中随时品尝美味。

5. 真诚邀请

别忘了真诚地邀请你的亲朋好友参加这场聚会，开启一场快乐的聚会之旅。

11 换一个新发型

换一个新发型，是对过去的告别，是对未来的憧憬，是对自己的褒奖。

了解自己的发质（如油性、干性、混合性等）有助于选择适合自己的发型。

我们还可以根据自己的气质来选择发型，如活泼可爱的人可以选择俏皮的短发，成熟稳重的人则可以选择优雅的长卷发。

我们也可以根据自己的喜好和特点，对流行发型进行适当调整和创新。换一个新发型，不仅可以让自己的形象焕然一新，也能给自己带来愉悦的心情。

最重要的，我们要选择适合自己的 Tony 老师。一个好的 Tony 老师不仅能为我们设计出合适的发型，还能根据我们的发质，为我们提供专业的护发建议。

爱自己的 100 种方式

额头宽

圆脸、肉脸

长脸

方脸、大脸

 **断舍离，捐出衣柜里冗杂的衣物**

做好断舍离，不仅可以更好地整理衣物，更可以给人带来一次心灵的净化。让我们一起行动起来，用断舍离的理念，为我们的衣柜带来一场革命吧！

那么，如何将断舍离应用到我们的衣柜管理中呢？

1. 对衣柜进行一次彻底的清理。将衣柜里的衣物全部拿出来，一件一件地仔细检查。对于已经破损、无法再穿着出门的衣物，我们可以毫不犹豫地扔掉；对于过时、不再适合自己风格的衣物，我们也可以选择舍弃；对于长时间未穿的衣物，我们需要重新审视它们是否真的有必要保留。

2. 学会合理收纳。在清理完衣柜后，我们可以将剩下的衣物按照季节、场合、颜色等进行分类，然后将其整齐地挂起或叠好。这样，也便于我们挑选适合自己心情和季节的衣物。

3. 培养良好的购物习惯。在购买衣物时，我们要慎重考虑自己是否真的需要这件衣服，以及它是否符合自己的风格和需求。避免盲目跟风、冲动购物，从而减少衣柜里的冗杂物品。

　　通过断舍离，衣柜不仅可以变得更加整洁有条理，心情也会变得更加轻松。这就是断舍离的魔力，也是我们让衣柜瘦身的秘密武器。

13 列个阅读计划

书中有智慧，有良师，读书可以帮助我们找到生活的答案。

如何让自己的阅读更有计划，更高效呢？

1. 明确阅读目标。你的阅读目标是什么？是为了学习专业知识，还是为了提升自我修养，或者单纯只是为了休闲娱乐？明确阅读目标，可以帮助你有针对性地选择阅读书籍，避免在海量的信息中迷失方向。

2. 制订阅读计划。你可以根据阅读目标，制订出每周、每月甚至每年的阅读计划。这个计划应该包括你打算阅读的书籍或文章的数量、类型，以及预计完成的时间。同时，你也可以为每本书或每篇文章设定一个阅读时间，比如每天阅读半小时，或者每周阅读一本书。

3. 坚持阅读。制订阅读计划只是第一步，更重要的是要坚持执行。你可以培养一些阅读习惯，比如每天早上起床后阅读半小时，或者每天晚上睡前阅读一小时。通过坚持，你会发现自己的知识面在不断扩大，思维能力在不断提升。

4.反思和调整。阅读是一个持续的过程，我们需要不断地反思和调整。你可以定期回顾自己的阅读计划，看看自己是否达到了预期的目标，是否有需要改进的地方。同时，你也可以记录下自己在阅读过程中的感受和收获，帮助你更好地理解和记忆所读内容。

14 冥想，让自己平静下来

冥想能让人远离喧嚣，让心灵得到抚慰，在静谧的时刻，找到属于自己的自在。

闭上双眼，深呼吸，沉浸在宁静之中，忧虑与焦虑自会如流云般散去。

在冥想的海洋里，感受内心的力量。

那么，如何进行冥想呢？以下是一些简单的步骤，可帮助你开始冥想之旅。

1. 选择一个安静的环境 环境要安静、舒适，让你能够全身心地投入其中。不论你选择在室内还是在室外进行冥想，请确保周围没有干扰。

2. 采取舒适的姿势 冥想时，你可以选择盘腿坐在地上，也可以选择坐在椅子上。关键是要保持身体放松，不要有任何紧张感。

3. 关注呼吸 将注意力集中在呼吸上，感受气息从鼻子进入，再从嘴巴呼出。不要试图控制呼吸，只需观察它的自然流动。

4. 让杂念飘过 当你的注意力集中在呼吸上时，你可能会发现自己的脑海中不断涌现出各种杂念。这时，请不要强迫自己驱散它们，而是让它们自然地飘过，然后将注意力重新放回到呼吸上。

静心冥想不可能一蹴而就，需要长时间的坚持。每天花费 10 ~ 20 分钟进行冥想，你会发现自己的心情变得越来越平静，心境变得越来越宁静。

15 用七巧板开动脑筋

七巧板，在国外称为"唐图"，是我们祖先的一项卓越创造。小小的七块板，可以拼成 1600 种以上的图形。19 世纪初七巧板流传于西方国家，被称为"东方魔板"。

下面让我们开动脑筋，制作一副七巧板吧。

材料：

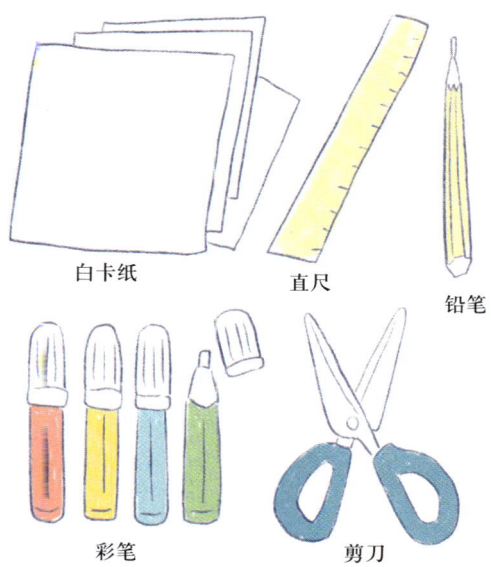

白卡纸   直尺   铅笔

彩笔   剪刀

步骤:

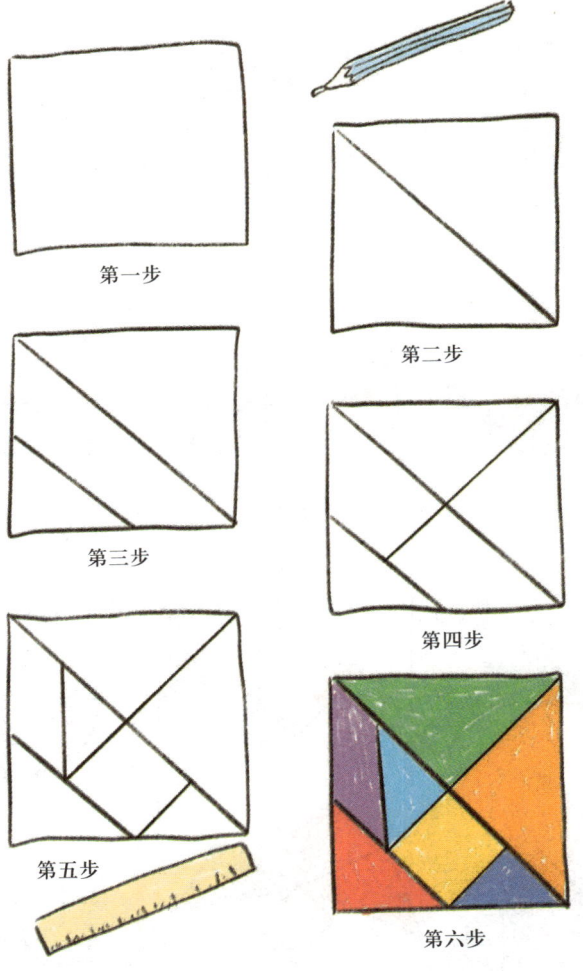

第一步

第二步

第三步

第四步

第五步

第六步

七巧板色彩丰富，可以拼出千变万化的图形，拼出一个神奇的世界。请开动脑筋，照着下面的图案试一试吧。

房子　　　　　衣服　　　　　帆船

茶壶　　　　　狐狸　　　　　马

猫　　　　　　鱼　　　　　　天鹅

骆驼　　　　　椰树　　　　　飞机

滑冰　　　　奔跑　　　　跳跃

跨栏　　　　跳舞　　　　农夫

16 学习穿搭，让自己更好看

穿搭不仅仅是外在的装饰，更是内心自由的流露。

学习穿搭技巧可以让每个人都成为独一无二的风景。

如何才能掌握这个时尚魔法呢？下面就为大家介绍几个穿搭的小技巧：

1. 了解自己的身材特点

首先，我们要了解自己的身材特点，以便找到最适合自己的穿搭风格。例如，如果你是苹果形身材，可以选择高腰裤或 A 字裙来修饰腰部曲线。如果你是梨形身材，可以选择紧身上衣搭配宽松的裤子，突出上半身的优势。

2. 选择适合自己的颜色

颜色对于穿搭来说非常重要，它能影响我们的气色和整体形象。一般来说，暖色调适合肤色较黄的人，冷色调适合肤色较白的人。此外，我们还可以根据自己的性格和喜好来选择颜色，例如热情开朗的人可以选择鲜艳的颜色，内敛低调的人可以选择素色。

3. 注重搭配的细节

　　穿搭的魅力往往隐藏在细节之中。我们可以通过一些小配件来提升整体造型的时尚感，例如帽子、围巾、手表等。此外，我们还可以通过鞋子、袜子等来打造统一的风格，让整体造型更加和谐。

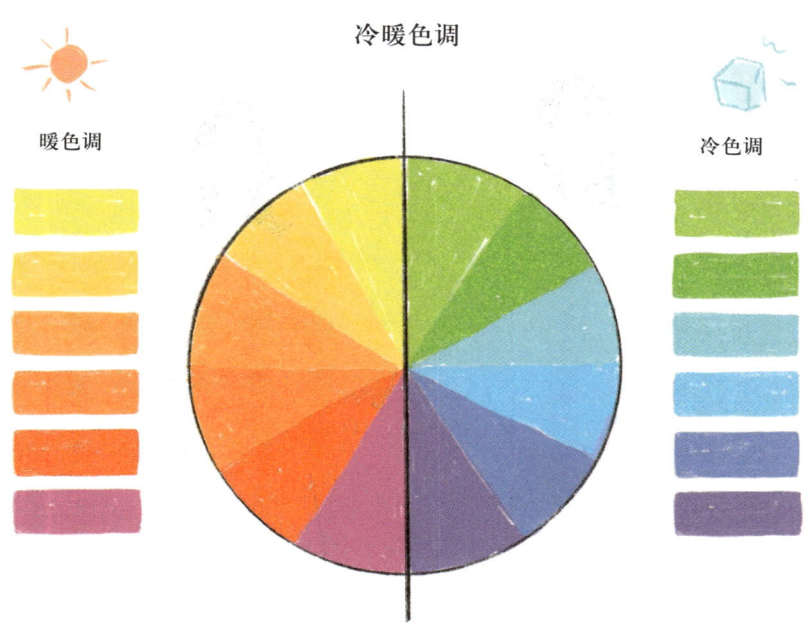

冷暖色调

暖色调

冷色调

4. 尝试不同的风格

不要害怕尝试新的风格，只有不断尝试，才能找到最适合自己的穿搭风格。我们可以从简单的单品开始，逐渐尝试不同的搭配方式。例如，可以尝试将运动风与优雅风相结合，或者将甜美风与复古风相融合，创造出属于自己的独特风格。

5. 保持自信和优雅

无论我们穿什么衣服，都要保持自信和优雅。因为真正的时尚不仅仅是外在的装扮，更是内在的气质。只有自信地展现自己，才能真正散发出迷人的魅力。

17 看纪录片，感受生命的伟大

纪录片让我们放慢脚步，去发现生活中那些被忽略的美好；它拓宽我们的视野，去了解世界各地的文化与风景；它让我们感受到生活的艺术价值，让我们去欣赏那些美丽的瞬间。

《人间世》是我特别推荐的一部纪录片，它以医院为拍摄场地，以真实的故事、真挚的情感，让我们在泪水中感受到了生命的伟大和无常，生命的温暖和力量。

这部纪录片，聚焦医患双方面临病痛、生死考验时的重大选择，让我们看到了人生百态。有为了生活奔波劳碌的农民工，有为了家庭幸福努力拼搏的夫妻，有为了梦想坚持不懈的年轻人，还有为了信仰坚守一生的老人。他们的生活平凡而简单，但却都充满坚韧和勇敢。

在这部纪录片中，我们还看到了人性的光辉。有的患者在医院里得到了及时救治，有的志愿者为他人献出了爱心，有的企业家为贫困地区捐款捐物。这些感人至深的故事让我们相信，这个世界上充满善良和美好。

观看《人间世》，我常常在不觉中泪流满面。这些真实的人物和故事，让我们感受到了生命的伟大和无常，也让我们更加珍惜眼前的幸福。这部纪录片让我们明白，生活虽然充满艰辛和挑战，但只要我们勇敢面对，坚定信念，就一定能够走出困境，拥抱美好的未来。

18 去爬山吧，看看山顶的风景

站在山顶，俯瞰脚下的世界，那种豁然开朗的感觉能让我们瞬间忘记所有烦恼。

山间的清新空气，像一首古老的歌谣，唤醒了沉睡的灵魂。

风在耳边低语，那是大自然的呼唤，是生命的旋律。

站在山顶，极目远望，看山峦起伏，雄姿磅礴，宛如一条蜿蜒的巨龙，守护着大地的安宁。

站在山顶，感受着风的力量，那是一股无尽的能量，是一种无法言喻的自由。

在攀登的过程中，我们需要克服重重困难，如陡峭的山路、崎岖的山径、恶劣的天气等。这些困难，既是对我们体力的挑战，也是对我们意志的考验。只有不断地挑战自己，才能在攀登的道路上越走越远。

在攀登的过程中，我们需要用到全身，尤其是腿部和手臂的肌肉。这样一来，不仅能锻炼我们的力量和耐力，还能帮助我们塑造更加健美的体形。而且，爬山还能增强心肺功能，加速血液循环，对我们的身体健康大有裨益。

19 学习理财知识

我们每个人都渴望拥有一份属于自己的财富。但是财富需要我们通过智慧和努力去创造和积累。

学习理财知识，是我们实现财富增值的重要途径。

理财不是一朝一夕的事情，只有拥有耐心和智慧，才能收获满满的果实。我们需要了解的是，理财的第一步是制定预算。预算是我们管理财富的基础，它可以帮助我们了解自己的收入和支出情况，从而做出合理的消费决策。通过预算，我们可以清楚地知道自己每个月可以有多少资金用于储蓄和投资，从而更好地规划自己的财务生活。

学习理财知识，就是为了让自己手中的金钱越来越多，让钱为我们工作，帮助我们实现生活的目标和梦想。这需要我们不断学习和实践，不断提高自己的理财能力和素养。只有这样，我们才能逐步实现财富的自由。

标准普尔家庭资产配置

要花的钱 **10%**	**20%** 保命的钱

短期消费
要点：3 ~ 6 个月生活费

意外重疾保障
要点：专款专用、杠杆资金

吃饭、出行、穿衣

意外、医疗、重疾

标准普尔家庭资产配置

股市、基金、房产

年金、债券等

投资股票、基金、房产等
要点：创造收益，伴随风险

国债、年金等
要点：保本增值用于养老、教育等

生钱的钱 **30%**	**40%** 保本增值的钱

注释：标准普尔资产象限图是配置资产的一种方式。通过这种资产配置，能够实现财富的稳健性。

树立正确的理财认知

金钱的认知误区		正确的金钱观	
钱是省出来的	✗	钱是赚 + 理出来的	✓
要等到有钱了才理财	✗	理财有助于资产保值和升值	✓
理财就要一夜暴富	✗	理财越早开始越好	✓

20 ♥ 学习化一个新妆容

　　在与人交往的过程中，我们的外表往往会给对方留下深刻的印象。一个得体的妆容，不仅能让我们在社交场合更加自信，还能更容易获得别人的好感。当看到别人因为我们的妆容而产生好感时，我们的心情也会变得更加愉悦。

　　生活中总会有一些不如意的事情发生，这时候，我们可以通过化妆来调整自己的心情。当我们将注意力集中在化妆上时，那些烦恼和压力也会被暂时抛诸脑后。而当画完一个美丽的妆容时，那种从内而外散发出的自信和魅力，也会让我们的心情变得更加美好。

化妆小贴士

❀ 了解自己的肤质和脸型。油性肌肤的人在选择粉底时，应该选择控油效果好的产品；而干性肌肤的人则需要选择保湿效果好的产品。此外，我们还要学会根据自己的脸型来修饰眉毛、眼睑等部位，以达到最佳的妆容效果。

❀ 掌握基本的化妆步骤。一般来说，化妆的基本步骤包括清洁肌肤、打底、上妆、定妆。在清洁肌肤时，要选择适合自己肤质的洁面产品，彻底清洁肌肤；在打底时，要使用遮瑕膏、粉底等产品，让肌肤看起来更加光滑细腻；在上妆时，可以根据自己的喜好和场合来选择眼影、腮红、口红等的颜色；最后，在定妆时，要使用散粉或蜜粉等产品，让妆容更加持久。

❀ 学习搭配服装和妆容。一个成功的妆容不仅要与我们的肤色、脸型相协调，还要与服装风格相匹配。

❀ 学会根据场合来调整妆容。在不同的场合，我们需要展现出不同的气质和形象。例如，在工作场合，可以选择一款简约大方的妆容，展现出自己的专业和稳重；而在约会时，可以选择一款精致淡雅的妆容，展现出自己的温柔和浪漫。通过灵活调整妆容，我们可以在不同的场合中散发出独特的魅力。

偶尔写一段文字，记录想象与心情

文字是一种很神奇的东西，当你一笔一画地写下一行文字时，总会感受到某种特别的情绪与力量，这和你在心中默念，或是用输入法打出来的感觉是全然不同的。

给自己准备一个本子，再买一支漂亮的笔：粉红色，顶端还有一颗大宝石；浅绿色，笔杆上有漂亮的烫金印花；天空蓝，镶满闪亮的水钻……随你喜欢。

在某个时刻，不需要特意留出计划的时间，也不需要把它看作工作或任务。仅仅只是某个时刻，或特别，或平凡，或有一些意义，或毫不起眼，都无所谓，只要心中闪过某种灵感或渴望，你就可以拿起笔，写一段文字，记录想象与心情。

你什么都可以写，可以唠叨，可以许愿，可以咒骂，可以赞美，也可以只是单纯写下一段文字，没有任何意义，只是此时此刻，你想写下的文字。

笔尖划过纸张的"沙沙"声，仿佛带着神奇的魔力，一笔一画写下的字，即使歪歪扭扭，也总透露着几分文化的气息。

今天我遇到了某某某，很开心。

我非常讨厌某某某。

我希望明天天气晴朗。

寂寞流淌在深夜，天空却星辰璀璨。

但愿人长久，千里共婵娟。

在某个深夜，昏黄灯光下，伴随着"沙沙"的声音，心情前所未有的平静，仿佛灵魂都透着几分书卷气，若有人瞧见，必会被这氛围感所感动。可他们不知，我其实悄悄画了个小黄脸——笑得得意又可爱。

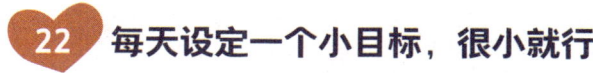 22 每天设定一个小目标，很小就行

疲于奔命，却一事无成。

我常常会有这样的感觉，或许你也曾有过。

每天都很忙碌，起得很早，睡得很晚，时间仿佛过得很快，却又仿佛很是煎熬。一天下来，总觉得自己做了很多事情，却又好像没有完成任何一件事情。

于是，某天早晨，睁开眼睛，我决定给自己设立一个小目标，一个明确的、很小的、简单的目标——今天一定要买到龙记的肉包作为早餐！

龙记肉包，皮薄馅大，汁水鲜美，就是和我上班不顺道，害我常常相思，却又总是因为各种各样的理由而不得食。或许正是因为如此，所以在某天早晨，脑海中就突然出现了这样一个小目标。

当思念已久的美味在口中弥散时，我的脑海中仿佛响起一道信息提示音：龙记肉包任务，已完成！领取奖励：美味肉包两个！

从那之后，我爱上了这个游戏，每天设定一个小目标，发布一个小任务，很小就行。

有时候，这些小目标、小任务也会完不成，但大多数时候，它们都是可以轻易达成的。于是，每当我感到迷茫与彷徨，感觉自己在浑浑噩噩度日，一事无成的时候，总会有某个声音响起：怎么会是一事无成？今天你可是成功在下班之前提交了报表的！

当然，每一次响起的声音都不同，但每一次都会有小小的成就感。确实很小，却足以令人快乐。

23 ❤ 一场午夜电影，几分别样心情

夜幕降临，狂欢开始。

霓虹闪烁下的夜生活总会给人一种纸醉金迷、醉生梦死的错觉，仿佛不来一场狂欢就再也抓不住青春的尾巴。

但不知从几时开始，我的夜生活从喧嚣的灯红酒绿，逐渐变成了一个人的流浪与沉寂。买上一杯可乐、一桶爆米花，坐进午夜的电影院，相陪的只有相距甚远的零星几个看客。

"啪嗒"——灯光尽数熄灭，漫长又短暂的黑暗中，大银幕骤然亮起，开启一个全新的世界，演绎一段全新的故事。我们都是看客，作为一个局外人，看尽戏里的悲欢离合，尽情宣泄一切情绪，或哭，或笑，或喜，或悲，然后叹上一声："都是剧情惹的祸！"

剧终人散，灯光亮起的刹那，一切戛然而止，生活仍旧会继续。

走在清冷的街道，看迷离月色、闪烁路灯，这一刻，仿佛感受到了孤独的美。

一场午夜电影，几分别样心情，是一个人的狂欢，也是一个人的浪漫。

偶尔给自己点时间看一场电影，就在某个安静又寂寥的午夜，享受一个人的美好与孤独，不用与旁人讨论剧情，不用担心前方突然出现的人形黑影，不用因旁边情侣的亲密而尴尬，这是一场独属于我们自己的时光，哪怕剧情并没有那么精彩。

24 精心打扮，听一场音乐会

提起音乐会，总会让人联想到诸如优雅、高贵、有品位等词。不得不说，相比其他娱乐活动，音乐会确实显得过于严肃、正式，如果不是喜欢严肃音乐的人，大概会觉得有些枯燥、乏味。

但或许也正因为如此，音乐会总能给人一种庄重的仪式感，一种有别于其他娱乐活动的奇妙体验。

穿一袭正式的小礼服，画一个精致的妆容，佩戴上平时没有机会佩戴的首饰，打扮焕然一新，看着镜中的自己，几分陌生、几分熟悉，如同被仙女教母施了魔法的灰姑娘，虽然没有南瓜车，也不需担心十二点的分界线，但赶赴一场盛宴的忐忑与兴奋却如出一辙。

典型的古典音乐会曲目一般都是交响乐作品，一般的交响乐团（管弦乐团）包括以下乐器组：

弦乐器组：小提琴、中提琴、大提琴、低音提琴。

木管乐器组：短笛、长笛、单簧管、双簧管、英国管、低音管、倍低音管、低音单簧管。

铜管乐器组： 短号、小号、长号、法国号、柔音号、上低音号、低音号、低音长号、华格纳低音号、苏沙低音号。

打击乐器组： 定音鼓、大鼓、小鼓、钹、锣、铁琴、木琴、钟琴、管钟、三角铁、木鱼、铃鼓、响板、沙铃、珠铃、风铃、牛铃、雪橇铃、钢片琴、铁砧、水琴、刮葫、乐鞭、皮鞭、弹音器、雷鸣板等。（演奏现代曲目时，有时候应乐曲需要，也会加入爵士鼓或拉丁鼓）

特色乐器组： 钢琴、竖琴。

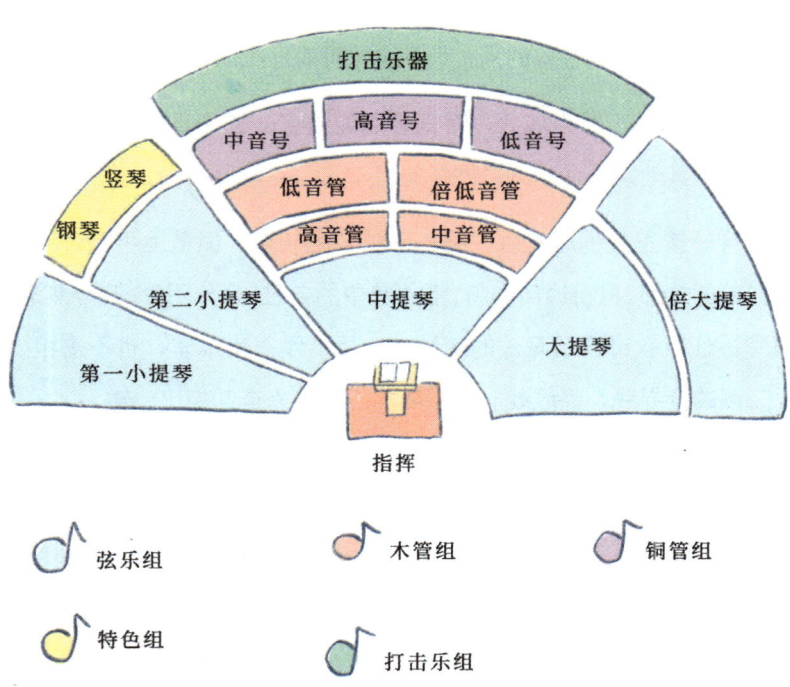

Tips

如何优雅地听一场音乐会？牢记这些基本礼仪：

❀ 音乐会开始前，调整好自己的身体状态，不要吃太饱或喝太多水，因为演奏时间较长，而演奏期间一般不要去上厕所。

❀ 不要迟到，因为迟到是不可立即入场的，有些场馆甚至需要等到正在演出的曲目结束才能入场。而且，提前入场了解曲目，也能更好地欣赏音乐会。

❀ 演奏过程中，不发声、不发光、不拍照、不录像。

❀ 不要随意鼓掌，以免打乱演出节奏。

❀ 演出结束后不要着急退场，通常来说，在最后一个曲目之后，乐团会按照惯例返场，等待返场是对演奏者的尊重。

 **周末休息，不如去看一场话剧**

有机会，一定要去看一场话剧。那是一种完全不同于电影的表达，没有镜头里的街道，没有酷炫的特效，但那种充满生命力与爆发力的表达，从肢体到台词，能在瞬间点燃你的情绪，让灵魂都为之战栗。

观看话剧，就如同在见证一件伟大作品的诞生，即使是同样的剧目，每一次观看也会因为演员的即兴演出而有不一样的惊喜，那种简单又真实的场景，就像发生在你身边的故事一样，有种不一样的代入感，尤其是在剧终人散、演员谢幕的那一刻，我们仿佛已经作为旁观者，看别人过完了一生。

Tips

第一次看话剧，你或许会有一些疑问：

❀ 如何选择座位？

在选择座位时，中间比两边观看效果要好。尽量避免选择最后一排，以免有人进出，影响观看体验。

❀ 需要携带望远镜吗？

话剧表演的剧场通常都比较小，不需要携带望远镜，而且使用望远镜观看，反而可能影响观剧的连续性。

❀ 在哪里可以买票？

线上和线下渠道均可购买。线上渠道包括第三方购票平台、剧院官网、票务网站等；线下的话，直接到剧院售票窗口购买即可。

❀ 需要提前多长时间入场？

通常是提前二十分钟分单双号入场。

❀ 可以携带食品饮料吗？

剧场不允许携带食品饮料。

26 兴起之时，看看画展也不错

第一次看画展，是一场偶遇。

某个百无聊赖的周末，一个人在街上闲逛，路过美术馆时，偶遇了一场画展，观看的人并不多，也不需要购买门票，就这么鬼使神差地走了进去，就此身心沦陷，一发不可收。

在此之前，我从未想过自己会去观看甚至喜欢上任何一种形式的艺术展览。我不懂绘画，也不懂艺术，说不出文艺复兴的意义，也不理解凡·高和莫奈的痛苦。

但走入那条灯光昏黄的长廊，看着悬挂在两侧墙壁上的一幅幅画作时，我却依然感受到了灵魂的冲击与涤荡，那是一种来自心灵的震撼。

Tips

❁ 通常来说，美术馆会在年底提前公布下一年的展览计划，每次展览开幕之前，也会有相应的宣传预告推送到微博或公众号上；

❁ 前往观展之前，可以在展馆的官网或是一些社交平台进行查阅，了解清楚是否需要提前购票或预约，并进行相应的操作；

❁ 前往观展，建议穿着舒适的鞋子，毕竟逛展是个体力活儿；

❁ 现在很多画展都有人工导览、语音机器导览、展品二维码导览等服务，这些可以帮助你更好地了解展品。当然，不喜欢听讲解也不要紧，一千个人心中就有一千个哈姆雷特，你完全可以用自己的心、自己的理解去感受。

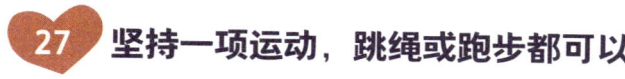

27 坚持一项运动，跳绳或跑步都可以

运动是一项成本低而收益高的项目。运动不仅对身体健康有益，还有助于释放内啡肽和多巴胺，从而帮助缓解压力和调整心情。内啡肽和多巴胺是两种重要的神经递质，在情绪调节和心理健康方面起着重要作用。通过适当的运动，我们可以刺激这两种神经递质的分泌，从而改善心情、减轻压力。

如果你不是一个健身达人，那么不妨尝试保持一项运动，跳绳或跑步都是不错的选择。伴随着动感的音乐，屈膝、上跳，对抗地球引力；双臂摆动，向前奔跑，感受风拂过耳畔，撩起轻盈的碎发。

随着身体的律动，心跳渐渐加快，血液加速流动，脸红心跳的感觉，像极了记忆中、青春里的一见钟情。

今夜，不如来一场夜跑吧，假装自己正在奔赴一场美妙的约会。

Tips

跳绳

❀ 调整好跳绳的长度，单脚踩在绳子中间，手柄向上，拉起绳子两端，大约到胸部位置；

❀ 膝盖微微弯曲，幅度不可太大，想象自己像一个弹簧；

❀ 始终用前脚掌起跳和着地，不用跳太高，保持在 5 ~ 10 厘米即可；

❀ 转动手腕，进而带动小臂摇绳。

跑步

❀ 手臂在身体两侧自然摆动，幅度不宜过大；

❀ 肩部放松，跑步时不要摆动肩膀；

❀ 脚步着地的姿势非常重要，先以中间部分接触地面，可以减轻对身体的冲击；

❀ 每分钟 180 步是最理想的速度。

28 练瑜伽，舒展身体，量力而行

满身疲惫时，我喜欢抱着被子，把自己的身体蜷缩起来，在床上打滚儿，然后再将身体舒展成各种奇怪的形状，努力拉扯自己的四肢，我愿将其称为"身体扭转的快感"。

如果你也有这种奇怪的"小癖好"，那么一定不能错过瑜伽。

放一首轻音乐，穿上最柔软舒适的家居服，铺开一条窄长的瑜伽垫，跟随着老师的声音，调整自己的呼吸，将身体舒展开来，感受肌肉群缓缓拉伸和收缩的过程，然后转动自己的脊椎——瑜伽的扭转体式总是让人身心感到极度愉悦。

练习瑜伽，永远不需要去追求极致，也不必非得将每一个动作完成得尽善尽美，只需要去感受身体的每一块肌肉，让它舒展、收缩，从僵硬逐渐变成柔软，从紧张逐渐变成放松。这是一个十分奇妙的过程，仿佛灵魂与身体进行了一次深入的交流与沟通。

我控制着我的身体和灵魂，又仿佛被其所引导，在一呼一吸之间释放与宣泄着内心的情感。

注意事项

❀ 做好热身很重要，热身可以激活肌肉，提高身体的柔韧性和灵活性；

❀ 练习瑜伽前保持空腹 2 ~ 3 小时，避免在运动中因身躯扭动而压迫胃部，引发不适；

❀ 不必追求极致，量力而行，以免身体受伤；

❀ 保持平和的心态，不要在情绪波动大时练习瑜伽。

或许是源于古印度人探索动物灵性的历史渊源，瑜伽和动物一直联系紧密。

猫式

主要功效：

充分伸展背部、腿部和肩膀，改善血液循环，消除肩背酸痛和疲劳，让脊椎得到适当的伸展，增加身体的灵活性。

动作步骤：

❶ 四肢着瑜伽垫呈跪姿。头部摆正，颈部与肩背平行，臀部收紧，大腿绷直，与地面保持垂直，双臂伸直撑在肩膀正下方。与地面垂直，手指指向身体前方。

❷ 吸气,慢慢地将骨盆翘高，腰部向下压，使背部脊椎呈一道弯曲的弧线，头部慢慢抬起，注视斜上方，眼望前方，不要过分把头抬高，保持 3 ~ 5 次呼吸的时间。

❸ 呼气，腹部收紧，慢慢将背部向上拱起，带动脸转向下方，注视大腿的位置，感受背的伸展，保持 3 ~ 5 次呼吸的时间。配合呼吸，重复练习5 ~ 8 次。

29 在晨光下漫步，听风吹过树梢

一日之计在于晨，漫步在晨光下，呼吸着微凉的空气，仿佛嗅到了自然的味道。

一阵风吹过，树叶飒飒作响，几只飞虫扑棱着翅膀，掠过耳畔。不远处，一条锦鲤唰地跃出水面，在空气中劲舞一番，又颓然落下……

这个世界上每一件东西，都会用独特的声音来讲述自己的故事，就连跳跃在阳光中的细微灰尘，似乎都有其独特的温柔。这种美好你只有在静下心来倾听这个世界的时候才能领略得到。

如若今日恰好早起，见阳光正好，那就在晨光下漫步吧，倾听风温柔吹过树梢，倾听鸟儿婉转啼叫，倾听整个世界对你说"早安"。

漫步的好处

❀ **调整精神**

漫步能对人的心情起到调节作用，消除疲劳，使人放松、心情平静。

❀ **加速消化**

漫步时腹壁肌肉的运动会对胃肠产生"按摩作用"，从而增强消化能力。

❀ **改善呼吸功能**

步行属于有氧运动，经常散步能提高肺活量，可改善呼吸系统功能。

❀ **增强体质**

漫步能调动全身大部分肌肉、骨骼，使得血流通畅，从而大大降低了患动脉硬化的可能性。

情绪紧张、失控时，不妨试试深呼吸

呼吸里藏着情绪，或喜悦、或悲伤、或焦虑、或恐惧、或快乐、或绝望……

我们很少注意到自己的呼吸，就像我们也总是容易忽略自己的心跳。但其实，我们的呼吸一直在泄露我们的情绪，诉说我们的秘密。

既然呼吸里藏着情绪的秘密，那么，我们能否通过改变呼吸来调控自己的情绪呢？很幸运，答案是肯定的。

你或许有过这样的体验：临上考场或赛场前，紧张得手脚冰凉。这时候，大口大口地吸气，感受气体顺着鼻腔涌动进你的肺部，再深深地将它呼出，你的注意力仿佛完全集中在气流的涌动中，感受着气体冲刷你的呼吸道，一呼一吸之间，冰凉的手脚渐渐回暖，紧绷的身躯也缓缓放松——好像真的没那么紧张了。

成年人的世界里，体面总是重要的，越是遭遇挫折与苦难，就越是想要保持体面。那么，当你情绪紧张或失控时，不妨试试深呼吸吧。或许问题依旧存在，明天仍然需要面对，但此刻，至少能保住体面，争取从容转身的时间。

Tips

❀ 舒适地坐着，保持背部挺直。将一只手放在胸口，另一只手放在腹部。

❀ 鼻子吸气时，将放在腹部上的手提起，胸部的手应尽量不要移动。

❀ 通过嘴呼气，收缩腹部肌肉时要尽可能多地排出空气。呼气时，放在腹部的手向内移动，而另一只手应尽量保持不动。

❀ 继续通过鼻子吸气并通过嘴呼气。尽可能多地吸入，以使小腹起伏。呼气时要慢慢来。

❀ 如果你发现坐着时很难使用腹部呼吸，可以尝试躺下。在腹部上放一本小书，使之在吸气时上升，在呼气时下降。

31 逛一逛公园

我喜欢逛公园，这项活动让我感受到了生命的活力。

每一片叶子都在微风中摇曳，每一朵花都在阳光中绽放。

我看见了孩子们的欢笑，他们在阳光下奔跑，无忧无虑。

我看见了老人们的乐观，他们在树荫下聊天儿，悠然自得。

我在公园里找到了宁静，在这个繁华的世界里找到了自我。

我在公园里找到了平和，在这个快节奏的生活里让自己慢了下来。

逛一逛公园，让心灵得到放松，让身体得到休息，让灵魂得到滋养。

感受自然的和谐，感受生命的力量。

在这里，你可以暂时放下工作和生活的压力。

这种放松，就像是一种绿色自然的疗愈过程，让你的心灵得到深深的安慰。

公园里的湖泊也是一道亮丽的风景线。湖水清澈见底，鱼儿在水中自由自在地游弋。湖面上荷花盛开，蜻蜓在荷叶上轻轻停留，一切都是那么宁静美好。

公园里还有许多供人们休闲娱乐的设施：有供孩子们玩耍的游乐场、滑梯、秋千等；还有供人们休息的长椅、亭子等。这些设施让人们在忙碌的生活中得到片刻的宁静和放松。

找时间逛一逛公园，感受生活的美好，给自己放一个假。在这里，我们可以暂时忘却烦恼，尽情地享受大自然的宁静和美丽。

32 定期给自己做个复盘

在生活的大舞台上，我们都是主角，每一天，每一刻，都在演绎着自己的故事。

有时候，我们会迷失方向；有时候，我们会疲惫不堪，但请记得定期给自己做个复盘。

看看过去的日子，是否有遗憾和失落，如果有，那就让它们成为自己追逐明天的动力。

看看过去，审视今天的自己是否有成长和进步，如果有，那就让它们成为自己自信的来源。

定期给自己做个复盘，不是为了责怪自己，而是为了更好地认识自己，更好地理解自己。

定期给自己做个复盘，不是为了沉溺于过去，而是为了更好地规划未来，更好地把握现在。

那么，如何进行有效的复盘呢？你可以尝试 PDCA 复盘法。

P（Plan）计划：建立目标并计划如何实现它们，所建立的目标应当是可操作和可量化的。

D（Do）执行：要有效地执行学习计划，不断接近学习目标。

C（Check）检查：总结执行计划的结果，注意效果，找出问题。

A（Action）行动：分析实际和计划结果之间差异的根本原因，未解决的问题放到下一个 PDCA 循环。

PDCA 复盘模型

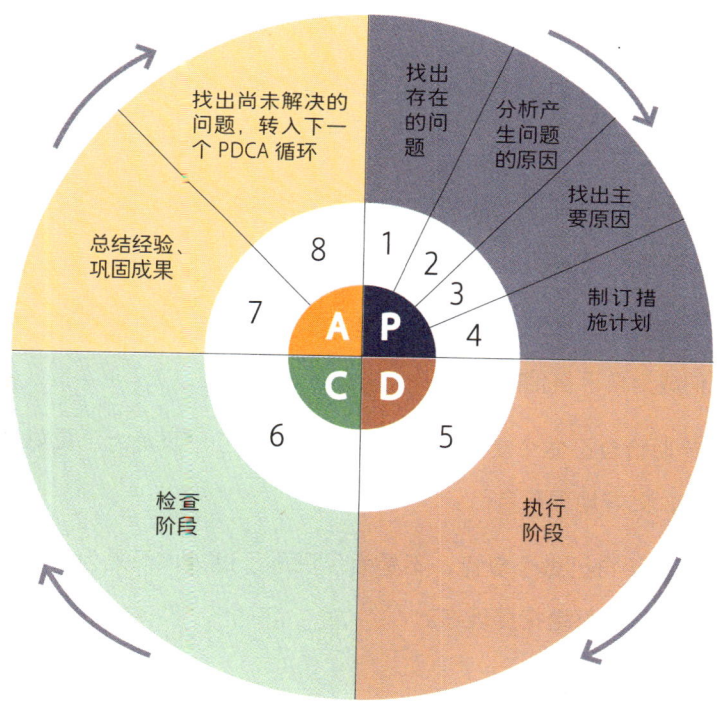

33 发展一门副业

如何在保证主业稳定的前提下，发展一门副业，实现财富的增长呢？

首先，我们要明确什么是副业。副业是指在保证主业稳定的前提下，通过自己的兴趣、特长而开展的一份额外的工作。它可以是兼职、创业、投资等多种形式。副业不仅可以帮助我们增加收入，还可以提升我们的能力和价值，让我们实现人生的多元化发展。

副业可以由我们的兴趣爱好发展而来，也可以由我们的潜在技能发展而来。通过副业，我们可以在不影响我们主要工作的情况下，增加我们的收入，提高我们的生活质量。

那么，如何发展一门副业呢？以下几点建议或许能帮助你找到方向：

1. 发掘自己的兴趣和特长

兴趣是最好的老师，特长是最有力的武器。选择一门自己感兴趣的副业，会让你在工作之余感到愉悦和充实。同时，发挥自己的特长，可以让你更容易在竞争中脱颖而出，取得成功。

2. 结合市场需求

在选择副业对，要充分考虑市场需求。只有市场有需求，你的副业才能有发展空间。可以通过网络、书籍、报纸等渠道了解市场动态，找到适合自己的副业项目。

3. 制订合理的计划

发展副业需要投入时间和精力，因此要制订合理的计划。可以根据自己的实际情况，确定副业在时间、资金等方面的要求，确保副业的顺利进行。

4. 学会时间管理

发展副业需要平衡好自己的时间和精力。要学会合理安排时间，既要保证主业的稳定，又要充分利用业余时间开展副业。可以制定时间表，合理地绘主业和副业分配时间，确保两者都能得到充分的关注。

5. 不断学习和提升

发展副业是一个不断学习和提升的过程。要关注行业动态，学习新知识、新技能，提升自己的竞争力。同时，要善于总结经验，不断调整和优化自己的副业策略，确保副业的持续发展。

34 去逛逛夜市，感受人间烟火

夜幕降临，华灯初上，城市的喧嚣渐渐褪去，取而代之的是一片宁静与祥和。然而，在这个时候，有一个地方却依然热闹非凡，那就是我们熟悉的夜市。夜市，一个充满人间烟火气息的地方，一个让人流连忘返的所在。

夜市的灯火，如同繁星点点，照亮了人间，温暖了人心。

在夜市中信步，可以近距离地感受生活的热闹，摊贩的吆喝声不绝于耳，美食的香气扑鼻而来。

串串烤肉，热气腾腾，烤出了生活的热情，烤出了人间的味道。

逛一逛夜市，感受人间烟火，在这个繁华的世界里，找到生活的热闹。

逛一逛夜市，感受人间烟火，在这个快节奏的生活里，找到让时光慢下来的美好。

每一种味道，都是一段回忆。

夜市美食

烤冷面

棉花糖

脆皮年糕

烤苔皮

鲜榨果汁

烤面筋

炒酸奶

烤鱿鱼　　鸡蛋仔　　臭豆腐

　　夜市里熙熙攘攘。有三五成群的朋友，有手牵手的情侣，有带着孩子举家出动的家长。他们在这里畅谈人生、分享快乐，感受着人间的烟火气。在夜市里，人们可以尽情地享受生活、释放压力。你可以和朋友一起喝酒聊天儿，也可以和家人一起品尝美食。在这里，没有工作的压力，没有生活的烦恼，只有快乐和欢笑。而且，夜市还有各种各样的娱乐活动，让人们在享受美食的同时，也能享受到乐趣。

　　夜市的美，不仅仅在于它的繁华与热闹，更在于它所散发出的那种人间烟火气息。在这里，你可以感受到生活的酸甜苦辣，体验到人生的百态。而那些摆摊的人们，他们用自己的辛勤劳动，为这座城市增添了一道亮丽的风景线。

35 带着笔记本在咖啡厅办公

那一天，我带着笔记本到咖啡厅办公。

在咖啡的浓郁香气中，我独坐一隅，翻开笔记本，思绪如泉涌。

在咖啡的陪伴下，我开始了自己的工作。咖啡厅的灯光，照亮了我手中的笔。随着笔尖跃动，文字在纸上飞舞。

在咖啡的陪伴下，我感受到了生活的温度，我在思考那些深奥的问题。

听着轻松的音乐，看着窗外的风景，顿感生活的惬意。

在紧张的工作之余，品尝一杯香浓的咖啡或者一份美味的甜品，无疑是一种极大的享受。

在咖啡厅里，你也许会遇见志同道合的人，一起分享工作心得，甚至可能因为一次偶然的相遇，结下一生的朋友。这种人际关系的拓展，对于个人的成长和发展是非常有益的。咖啡厅办公还能让你更好地平衡工作和生活。

在咖啡厅里，你可以暂时抛开复杂的人际关系，享受属于自己

的工作节奏。这种张弛有度的工作方式，有助于提高生活质量，让你在工作之余，也能感受到生活的美好。

带着笔记本到咖啡厅办公是一种全新的尝试，它能帮助你在忙碌的工作中找到一丝宁静，同时也能提高你的工作效率。

如果你还没有尝试过这种方式，那么不妨试试看，或许你会发现一个不一样的自己。

36 制订控糖计划

在我们的生活中，糖分无处不在。从甜甜的糖果、蛋糕，到饮料、冰激淋，再到我们日常饮食中的米饭、面条、馒头等，都含有糖分。然而，过量摄入糖分对我们的身体健康却是一种极大的威胁。那么，控糖的意义究竟有多大呢？让我们一起来探讨一下。

控糖有助于预防肥胖。糖分是热量的主要来源之一，过量摄入糖分会导致热量过剩，从而引发肥胖。肥胖不仅影响我们的身材，还会增加我们患上心血管疾病、糖尿病等慢性病的风险。通过控糖，我们可以有效地控制热量摄入，保持健康的体重。

控糖有助于改善皮肤状况。糖分会加速皮肤衰老，导致皮肤失去弹性和光泽。长期摄入过多的糖分，还可能导致痤疮等皮肤问题。控糖可以减少对皮肤的损害，让皮肤更加健康、年轻。

控糖有助于提高睡眠质量。研究发现，糖分会干扰我们的生物钟，影响睡眠。晚上摄入过多的糖分，可能会导致失眠、多梦等问题。控糖可以帮助我们更好地入睡，提高睡眠质量。

控糖还有助于提高认知能力。过量摄入糖分会影响大脑的正常功能，导致记忆力下降、注意力不集中等问题。控糖可以帮助我们保持清晰的头脑，提高工作和学习效率。

控糖有助于降低患病风险。长期摄入过多的糖分，会增加患上糖尿病、心血管疾病等慢性病的风险。控糖可以帮助我们降低这些风险，让我们生活得更加健康。

那么，如何制订一个有效的控糖计划，让我们摆脱甜蜜的陷阱呢？

1. 设定目标：根据自己的身体状况和需求，设定一个合理的控糖目标。例如，每天摄入的糖分不超过一个定量。

2. 逐步减少糖分摄入：不要试图一下子戒掉大量的糖分，而应逐步减少摄入量。可以从每周减少一次甜食开始，然后逐渐增加次数。

3. 选择低糖或无糖替代品：在购买食品时，可以选择低糖或无糖的替代品。例如，可以选择无糖酸奶、无糖果酱等。

4. 增加膳食纤维摄入：

膳食纤维可以帮助我们控制血糖水平，减少对甜食的渴望。因此，在控糖过程中，可以适当增加膳食纤维的摄入，如多吃蔬菜、水果、全谷类食品等。

5. 培养健康的饮食习惯：

控糖不仅仅是减少糖分摄入，更是在培养健康的饮食习惯。我们应该学会合理搭配膳食，保证营养均衡。

6. 增加运动量： 运动可以帮助我们消耗多余的糖分，减轻控糖带来的不适感。因此，在控糖过程中，可以适当增加运动量，如每天散步、跑步等。

7. 寻求支持： 控糖是一个漫长的过程，需要我们付出毅力和耐心。在这个过程中，我们可以寻求家人、朋友的支持，一起分享控糖的喜悦和挑战。

制订控糖计划并付诸实践，是我们摆脱甜蜜陷阱、迈向健康生活的关键。

37 做一次皮肤管理

　　拥有健康、光滑、有弹性的皮肤无疑是每个人都渴望的事情。然而，随着生活节奏的加快和环境污染的加剧，我们的皮肤正面临着前所未有的挑战。那么，如何才能在繁忙的生活中学会皮肤管理，打造出健康美丽的皮肤呢？

　　首先，我们要了解什么是皮肤管理。简单来说，皮肤管理就是通过科学的方法和专业的产品，对肌肤进行全面的护理和保养，以达到改善肤质、延缓衰老、保持青春的目的。那么，要如何进行一次有效的皮肤管理呢？

　　1. 清洁：清洁是皮肤管理的第一步，也是最重要的一步。只有彻底清洁肌肤，才能为后续的护肤步骤打下良好的基础。在清洁时，我们要注意选择适合自己肤质的洁面产品，避免使用碱性过高的洁面产品，以免破坏皮肤的天然屏障。此外，每天早晚各清洁一次肌肤，以保持肌肤的清爽。

　　2. 去角质：去角质是皮肤管理中不可或缺的一环。随着年龄的增长，角质层会逐渐变厚，导致肌肤暗沉、粗糙。因此，定期去角质对于改善肤质至关重要。在选择去角质产品时，我们要根据自己的肤质和需求来挑选，避免去角质过度导致肌肤受损。

3. 补水保湿：保湿是皮肤管理的关键。皮肤缺水会导致干燥、紧绷、脱屑等问题。肌肤水分充足，才能保持水润、有弹性。因此，补水保湿是皮肤管理中非常重要的一环。在日常护肤中，我们要选择适合自己的保湿产品，如乳液、面霜等，并注意定期敷面膜，以补充肌肤所需的水分。

4. 抗衰老：随着年龄的增长，肌肤会出现皱纹、松弛等衰老现象。为了延缓衰老，我们需要在皮肤管理中加入抗衰老的环节。可以选择含有抗氧化成分的护肤品，如维生素 C、E 等，以帮助肌肤抵抗岁月的侵害，保持年轻状态。

5. 防晒：紫外线是造成皮肤衰老的主要原因之一。因此，在皮肤管理中，我们要做好防晒工作。每天出门前涂抹防晒霜，并在户外活动时随时补涂，以保护肌肤免受紫外线的伤害。

6. 抗氧化：空气污染、紫外线辐射等都会加速皮肤的氧化过程，导致皮肤老化。因此，我们要定期使用抗氧化产品，如维生素 C、E 等，帮助皮肤抵抗氧化压力。

7. 营养：合理的饮食对皮肤管理至关重要。多吃富含维生素、矿物质和蛋白质的食物，如水果、蔬菜、坚果、鱼类等，为皮肤提供充足的营养。

8. 睡眠：充足的睡眠对皮肤的修复和再生非常重要。每天要保证 7 ～ 8 小时的高质量睡眠，让皮肤得到充分的休息和恢复。

38　写下自己想改变的

改变思维

在这个世界的角落，我站立着，心中燃烧着改变的火焰，强烈而热烈。

我想要改变的，不仅仅是我自己，而是这个世界，这个充满苦难和幸福的世界。

我想要改变自己健忘的习惯，那些被渐渐遗忘的故事，它们在岁月中沉寂，等待着被我发现。

我想要改变社会上一些现象，那些被压抑的声音，它们在寂静中呼喊，渴望被听见。

我想要改变一些人的思想，他们被束缚的梦想，在阴影中沉默，期待着被照亮。

写下自己想改变的事情，是我们追求改变之旅的第一步。只有明确了目标、制订了计划、付诸了行动、进行了反思，我们才能真正实现改变。改变自己、改变社会、改变一些人的思想需要勇气，需要我们去面对未知的恐惧，去承受可能的失败，只有拥有这样的勇气，我们才能真正地掌握自己的命运，点亮属于自己的星辰。

改变自己并不是一件容易的事情，它需要我们付出时间，付出努力，甚至承受痛苦。但是，只有坚持下去，我们才能真正地改变自己。

写下计划

忘记过去

重新出发

39 去旅行

真正的发现之旅不是为了寻找新的风景，而是为了拥有新的眼光。

——普鲁斯特

有时候，我们渴望逃离喧嚣，去寻找那些未知的美好。而旅行，正是我们实现这一愿望的最佳方式。

旅行的意义不仅仅在于感受过去和未来，更在于体验当下的生活。在旅行中，我们可以去品尝当地的美食，可以去欣赏当地的风景名胜，还可以去了解当地的民俗风情，结识来自五湖四海的朋友。在旅行中，我们可以与他们分享彼此的故事，交流彼此的文化，增进彼此的了解。这些友谊，将成为我们人生中最可宝贵的财富。

40 逛逛文具店

小时候，文具店对我来说是一个神秘而又特别的存在。它不仅是购买笔、纸、橡皮等学习用品的地方，更是一个充满无限可能和惊喜的世界。它以其独特的魅力吸引着无数人驻足，让人们在这里找到了慢生活的惬意感。

一推开文具店的门，一股淡淡的墨水香扑面而来，我们仿佛走进了一个知识的海洋。琳琅满目的文具摆满了货架，从各式各样的笔、本子、便笺纸，到精美的贺卡、书签、胶带，再到各种可爱的卡通形象的文具，让人目不暇接。这些文具不仅仅是实用的工具，更是一种生活态度的体现。它们以独特的设计和色彩，为人们的生活增添了无尽的乐趣。

在这里，你可以找到属于你的记忆，那些熟悉的铅笔、橡皮、尺子，让你梦回那个纯真的年代。而那些新颖的文具，则让你感受到了科技的进步和时代的发展。在这里，你可以尽情地挑选你喜欢的文具，将它们带回家，让它们成为你生活中一道亮丽的风景线。

除了琳琅满目的文具用品，文具店还有一个特色——定制服务。

在这里，你可以根据你的喜好，为你的朋友、家人定制一份独一无二的礼物，如一本精美的相册，或者一张充满创意的贺卡，让你的礼物成为别人心中最珍贵的回忆。这种定制服务，让文具店的魅力更加独特，也让人们在这里找到了独属于自己的表达心意的方式。

很多文具店还会专门辟出一个小角落摆放各种各样的手工艺品。它们就像是一颗颗璀璨的星星，点亮了人们的生活。你可以在这里找到各种各样的手工艺品，如手工皂、手工蜡烛、手工卡片等，找到更多生活的乐趣。

有的文具店还有一个让人流连忘返的空间——阅读区。在这里，你可以静静地翻阅各种书籍、杂志，感受知识的力量，找到心灵的慰藉。而那些精美的文具，也成为阅读的最佳伴侣，让人们在阅读的过程中，感受到生活的美好。

文具店就像一个神奇的世界，充满无限的可能和惊喜。在这里，你可以找到创意，找到乐趣，找到记忆，找到生活的美好。所以，下次当你走进文具店的时候，不妨放慢脚步，仔细看看这个有趣的小世界。

41 记下短期内想尝试的新事物

在短期内，你有哪些想尝试的新事物呢？是一次独自旅行，还是学习一门新技能？是尝试一种全新的生活方式，还是挑战自己的极限？让我们一起来制订一个短期内想尝试的新事物清单吧：

1. 独自旅行：告别熟悉的环境，去一个陌生的地方，感受不同的风土人情。在旅途中，你会发现一个全新的自己，也会收获许多意想不到的惊喜。

2. 学习一门新技能：无论是学习一门外语，还是学习一门手工艺，都可以让你在短期内感受到成长的快乐。同时，这些新技能也会为你的生活增添更多的可能性。

3. 尝试一种全新的生活方式：比如低碳环保的生活方式，或者简约的生活方式。在这个过程中，你会发现生活的另一种美，也会对自己的生活有更深的思考。

4. 挑战自己的极限：可以参加一场马拉松比赛，也可以攀登一座高峰。在挑战自己的过程中，你会学会如何面对困难，如何克服恐惧，也会更加珍惜自己的生命。

5. 结交新朋友：拓展自己的社交圈子，结识不同领域、不同背景的朋友。在与他们的交流中，你会发现世界的多样性，也会给自己的未来发展带来更多的启示。

6. 投身公益事业：参与一次志愿者活动，为社会贡献自己的一份力量。在这个过程中，你会体会到帮助他人的快乐，也会更加珍惜现在的生活。

7. 改变生活习惯：尝试养成早睡早起、健康饮食、锻炼身体等健康的生活习惯。在这个过程中，你会发现自己的身体变得更加健康，心情也变得更加愉悦。

8. 写日记：记录自己每天的所见所闻、所思所感。在这个过程中，你会发现自己对生活有了更多的感悟，也会更加珍惜每一天的时光。

42 学会观察植物

观察植物，不仅能让我们更加了解自然界的奥妙，还能让我们在忙碌的生活中感受宁静与美好。

观察植物可以让我们更加了解植物的生长习性。不同的植物有不同的生长环境需求，有的喜欢阳光充足的环境，有的喜欢阴凉潮湿的环境。通过观察植物的生长环境，我们可以了解植物对环境的需求，从而更好地照顾它们。观察植物的生长过程，也能让我们体会到生命的顽强，见证生命的奇迹。

观察植物还可以帮助我们放松心情，减轻压力。在快节奏的现代生活中，我们常常会感到焦虑。而观察植物，可以让我们暂时忘记烦恼，沉浸在大自然的怀抱中。当我们静静地观察植物时，会发现它们的生长过程充满和谐与宁静，这种美好的氛围会让我们的心情变得愉悦，从而更好地应对生活的压力。

它们从一颗小小的种子开始，在阳光、雨露和土壤的滋养之下，逐渐发芽、生长，最终茁壮成长，如果是一颗树木的种子，也许会长成一棵参天大树。这个过程充满力量与智慧，也给我们带来了许

各种形状的叶子

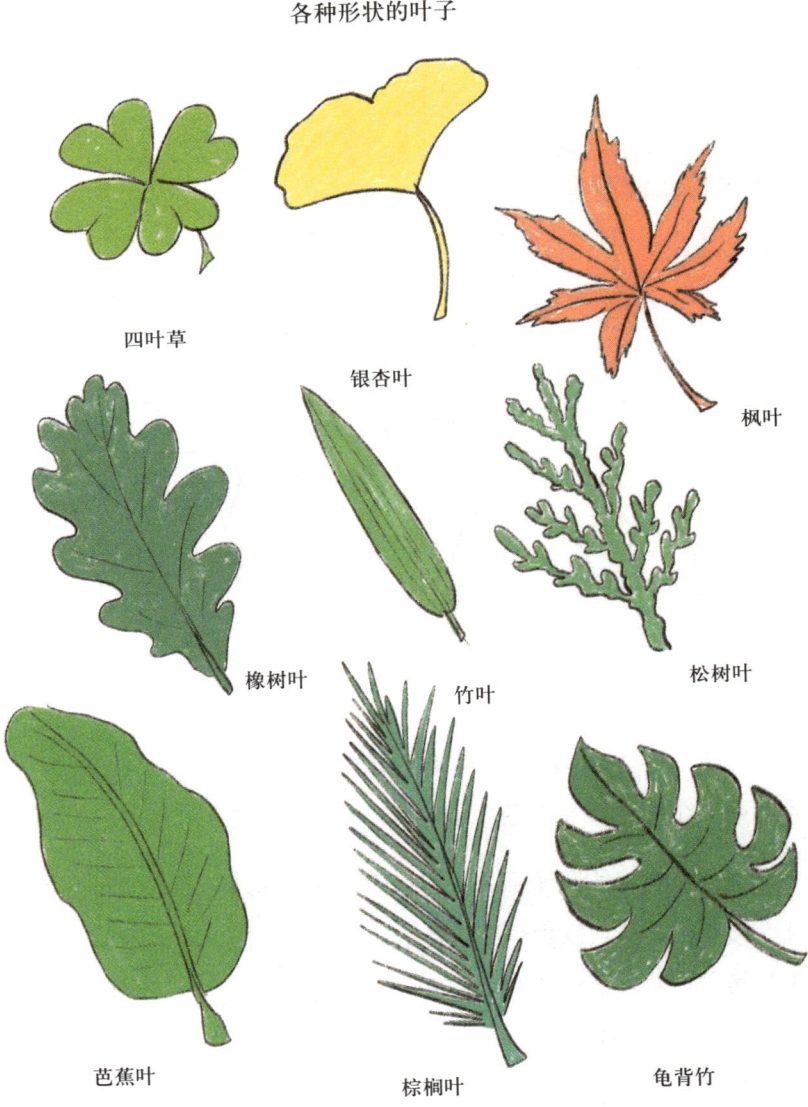

四叶草

银杏叶

枫叶

橡树叶

竹叶

松树叶

芭蕉叶

棕榈叶

龟背竹

多启示。

它们需要时间来吸收养分、扎根土壤、伸展枝叶。同样，我们的成长也需要时间，需要我们耐心等待，不断积累经验，逐步提升

种子生长过程

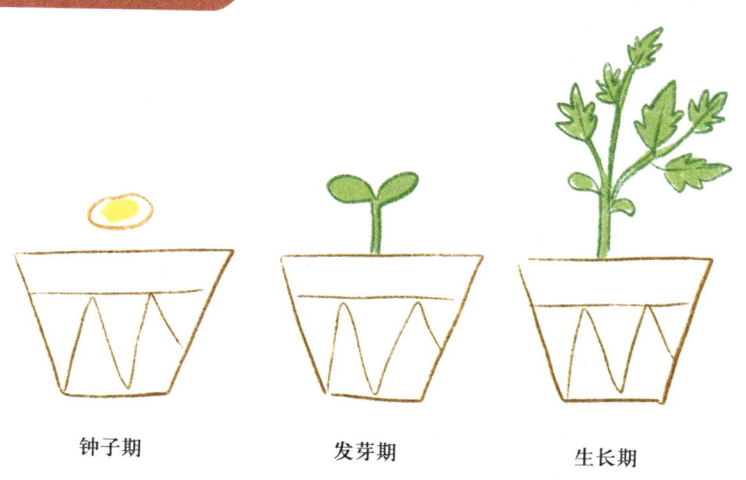

钟子期　　　　　发芽期　　　　　生长期

自己。在这个过程中，我们要学会珍惜每一个阶段，不要急功近利，因为每一个阶段都是通往成功的必经之路。

植物的生命力是顽强的，它们能够根据环境的变化调整自己的生长方式。同样，我们也要学会适应环境，无论是顺境还是逆境，都要勇敢面对，积极应对。只有这样，我们才能在不断变化的世界中立足，并茁壮成长。

植物在生长过程中会遇到各种困难，如干旱、病虫害等。但它们从不放弃，始终顽强地生长。我们也要学会在困境中坚持，不畏

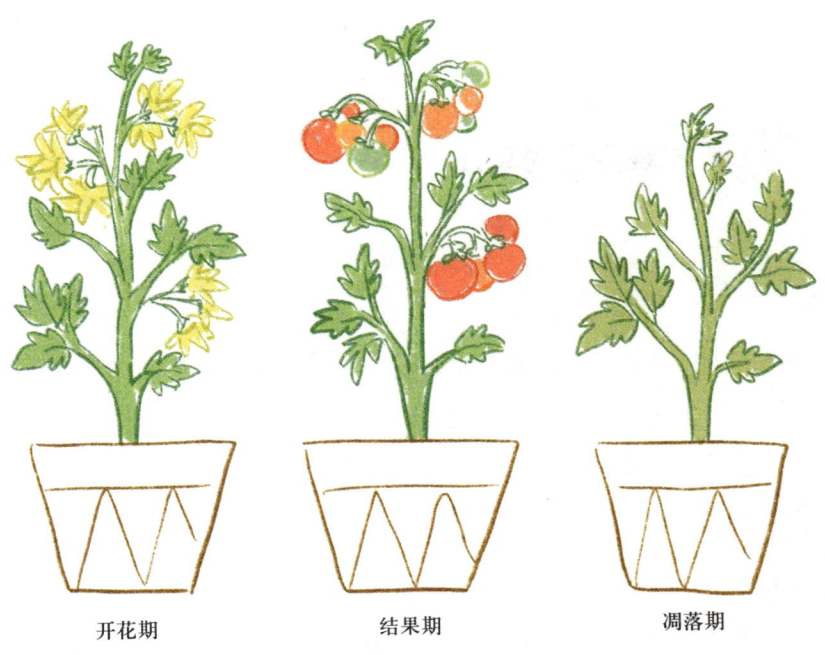

| 开花期 | 结果期 | 凋落期 |

艰难，勇往直前。只有这样，我们才能在人生的道路上不断前行，最终实现自己的价值。

　　植物通过光合作用为地球提供氧气，为人类和其他生物提供食物和栖息地。同样，我们也要懂得奉献，为社会、为他人贡献自己的力量。只有这样，我们的生命才能变得更加有意义。像植物一样生长是一种生活态度，是一种对生命的尊重和敬畏。让我们放慢脚步，学会像植物一样生长，享受生命的美好。

43 发现身边的鸟儿

　　清晨，当第一缕阳光洒在大地上，鸟儿们便开始了它们的一天。在枝头，麻雀们叽叽喳喳地交流着，它们用欢快的歌声唤醒了沉睡的大地。而在田野间，燕子们翩翩起舞，它们矫健的身影在空中划出优美的弧线。这些可爱的小精灵，为我们的生活带来了无尽的欢乐。

　　午后，阳光透过树叶缝隙漏在地上，形成斑驳的光影。此时，鸟儿们纷纷回到了树荫下休息。绿柳莺在树枝上轻轻地晃动着身体，它们用悠扬的歌声诉说着春天的故事。而喜鹊则在枝头跳来跳去，它们似乎在为春天的到来欢呼雀跃。这些鸟儿，用它们的歌声为我们送来了宁静与美好。

　　傍晚，夕阳西下，天空被染上了一片金黄色。此时，鸟儿们开始忙碌起来，它们在为即将到来的夜晚做准备。天色暗下来，夜莺在树林里低声歌唱，它们的歌声如同天籁之音，让人陶醉其中。而猫头鹰则在夜空中翱翔，它们用锐利的目光搜寻着猎物。这些鸟儿，用它们的歌声和行动，为我们的生活增添了神秘与浪漫。

　　夜晚，月光如水，洒在大地上。此时，鸟儿们已经进入了梦乡。然而，仍有一些鸟儿在夜晚守护着我们的安宁。山谷间回荡着布谷鸟悠扬的歌声，它们仿佛在告诉我们：春天已经来临，万物复苏的季节已经到来。

　　身边的鸟儿，让我们更加珍惜大自然赋予我们的美好。让我们一起倾听鸟儿们的歌声，感受它们带给我们的快乐与温馨。在这个忙碌的世界里，让我们放慢脚步，去发现身边的鸟儿。

观察鸟儿

我们身边的鸟儿可是各有特点呢，下边让我们一起来观察认识吧。

足部形状

大雁　　鹬　　鹰

鸟喙形状

画眉鸟　　海鸥　　鹦鹉

翅膀形状

信天翁　　鹰　　太平鸟

44 把平常在家做的事情搬到大自然

　　我们常常被各种琐事和压力所困扰，渴望寻找一片属于自己的宁静之地。真正的宁静并非远离尘嚣，而是在心灵深处实现与自然的和谐共处。让我们在大自然的怀抱中，感受居家生活的诗意。

　　聪明如你，有没有考虑停下脚步，放下手中的事务，把平常在家做的事情搬到大自然中去呢？

　　当在大自然中度过一天后，我们会更加深刻地感受到生活的宝贵和美好。我们会更加珍惜家庭，因为，无论外面的世界多么精彩，家始终是我们的避风港。我们会更加珍惜时间，因为时间是无法倒流的，我们应该珍惜每一刻。

在户外的篝火旁烤面包

　　享受着清新的空气和自然的宁静，感受风的力量和自由的喜悦。

在森林里看书

　　带一本书去大自然当中阅读，伴着清风鸟鸣是不是更容易走进作者的世界呢？

河边垂钓

　　可以体验等待的乐趣，同时也感受到生活的平静。

在山顶露营

　　仰望星空，感受宇宙的浩渺。

 45 整理一座属于自己的私人博物馆

你是否曾想过，用一种特别的方式，将那些珍贵的回忆永远珍藏起来？

今天，就让我们一起来整理一座属于自己的私人博物馆，收藏生活，留住时光。

首先，我们要为这座私人博物馆选择一个合适的地点。这个地方可以是一间宽敞的书房，也可以是一个充满艺术气息的阁楼。关键是要让它成为一个能够让我们放松心情，静下心来回味过去的地方。

接下来，我们就要开始收集展品了。这些展品可以是一张张记录着我们成长的点点滴滴的泛黄照片；可以是一封封承载着我们曾经的喜怒哀乐的陈旧信笺；还可以是一件件陪伴我们走过风雨，见证着我们的成长与蜕变的物品。这些展品都是我们生活中的点滴回忆，它们见证了我们的过去，也激励着我们勇往直前。

我们要定期对私人博物馆进行维护和更新。随着时间的推移，我们的生活会不断发生变化，新的回忆也会不断涌现。因此，我们

要多关注自己的内心世界，及时将新的回忆加入博物馆中。同时，我们还要定期对博物馆进行整理和清洁，确保它始终保持一个良好的状态。

　　整理一座属于自己的私人博物馆，不仅可以帮助我们回顾过去，还可以让我们更加珍惜当下。在这个快节奏的时代，让我们放慢脚步，用心去感受生活的美好，用私人博物馆收藏那些值得珍藏的回忆。

我的私人博物馆

　　在整理展品的过程中，我们可以将这些回忆进行分类。

　　可以将照片按照时间顺序排列，从出生到成年，再到成家立业；可以将信笺按照情感类别划分，如友情、爱情、亲情等；还可以将物品按照功能进行归类，如学习用品、旅行纪念品、工作用品等。

我的私人博物馆

按时间顺序分类

小时候的玩偶

学习用具

妈妈织的围巾

第一次学习乐器

搬入新家的礼物

好友带回的礼物

夜市会发光的发箍

明信片

来自 XX 动物园

伴侣的第一份礼物

娱乐用具

XX 市集

46 观察天上的云，看云识天气

在我们的日常生活中，天空中的云朵总是给我们带来无尽的遐想。

云朵的形状千变万化，仿佛是大自然化身艺术家在天空中信手泼墨挥毫。有时，它们像一群羊儿在草原上悠闲地吃草；有时，它们像一座座山峰，峻峭而雄伟；有时，它们又像一片片棉花糖，软绵绵的，让人忍不住想去触摸。这些形态各异的云朵，就像是天空中的一场视觉盛宴，让我们的眼睛享受了无尽的乐趣。

然而，你是否知道，这些看似普通的云朵，其实蕴含着丰富的天气信息，通过观察云朵的形状、颜色和变化，我们可以预测未来的天气变化。今天，就让我们一起揭开云的秘密，学习看云识天气。

我们要知道，地球表面蒸发的水分，上升到高空后遇到冷空气就会液化为小水滴或凝华为冰晶，而这些水滴或冰晶聚集在一起就形成了云。因此，云的形状和颜色，实际上反映了大气中的温度和湿度的变化。

看云识天气

白色积雨云

　　这通常意味着天气将会变得阴沉，可能会有暴雨来临。因为积雨云的形成需要大量的水分和强烈的上升气流，这种条件通常会在暴雨来临前出现。

金黄色或红色的云

　　当太阳落山时，天空中的云朵通常会呈现出金黄色或红色，这是因为阳光照射在云朵上，使得云朵反射出金黄色或红色的光芒。

高层云

　　这通常意味着天气将会变冷。因为高层云的形成需要低温和高湿度的条件，而这种条件通常会在冷空气来临前出现。

灰蓝色或灰色的云

　　这通常意味着天气将会变坏，可能会有雷阵雨或暴风雨来临。

通过观察云的形状、颜色和变化，我们可以预测未来的天气变化。然而，这需要我们有足够的知识和经验，以及敏锐的观察力。因此，如果你对天气有兴趣，不妨多观察一下天空中的云朵，你会发现一个奇妙的世界。

47 制造一次和彩虹的邂逅

在这个世界上，有一种美丽的现象，它的出现总是让人感到惊喜和愉悦，那就是彩虹。彩虹是一种光的现象，当阳光穿过雨滴时，会发生折射、反射和再折射等物理过程，形成由七种颜色组成的圆弧形光谱。那么，如何制造一次与彩虹的相遇呢？让我们一起来探索吧！

彩虹的每一个色彩都是一个音符，它们在天空中跳跃，弹奏出一首首美妙的乐章。那些音符，有的轻柔如丝，有的热烈如火，它们在空气中流动，带给我们无尽的想象。我们可以听到彩虹的声音，那是大自然的歌声，是生命的和弦。

我们需要选择一个合适的时间和地点。

彩虹通常出现在雨后的天空，所以选择一个多云且有雨水的日子是关键。此外，选择一个开阔的地方，如公园、田野或山顶，那里可以让我们更容易地欣赏到彩虹的美丽。

我们需要准备一些工具。为了更清晰地观察到彩虹的形成过程，我们可以使用一个望远镜。

为了更好地记录下这次邂逅，我们还可以携带一台相机或一部手机。

彩虹的形成需要三个条件：阳光、雨滴和观察者的位置。这也提醒我们要善于发现生活中的美好，用心去感受大自然的鬼斧神工。

背对阳光，向空气中喷水，寻找彩虹的踪迹。当我们找到彩虹后，就可以尽情地欣赏它的美丽了。彩虹的颜色从外到内依次为红、橙、黄、绿、蓝、靛、紫，这七种颜色相互交织，形成了一幅美丽的画卷。

制造一次和彩虹的邂逅，不仅可以让我们欣赏到大自然的美丽，还可以给我们带来一些生活的启示。它告诉我们，无论生活中遇到多少困难和挫折，只要我们有勇气面对，有决心战胜，就一定能看到那最美的彩虹。彩虹，就是那个给我们力量的源泉，让我们在困境中找到希望，找到前进的动力。

48 简单读懂地图

在这个信息爆炸的时代，读地图已经成为我们生活中不可或缺的一部分。无论是在旅行中寻找目的地，还是规划出行路线，地图都扮演着重要的角色。

然而，很多人在面对一张复杂的地图时感到困惑，不知道如何快速准确地找到自己所需要的信息，你是不是也是其中一员呢？别担心，这里将为你揭示读懂地图的小妙招，让你在地图的世界里游刃有余。

1. 我们需要了解地图的基本元素。地图上的每一个符号、颜色和线条都有其特定的含义。例如，蓝色通常代表水系，绿色代表植被，黄色代表沙漠或沙地。而地图上的线条则代表了道路、河流等地理特征。因此，我们在阅读地图时，首先要做的是理解这些基本元素的含义。

2. 我们需要学会使用地图的比例尺。比例尺是地图上的一个重要工具，通过比例尺，我们可以知道地图上 1 厘米所代表的实际公里数。这样，我们就可以根据比例尺来估算实际的距离，从而更好

地规划我们的行程。

3. 我们需要学会认清地图的方向。在地图上，通常有东、南、西、北四个方向的标志。通过标志，我们可以确定地图上的方向。而在现实生活中，我们也可以利用太阳、星星等来确定方向。这样，无论我们身处何处，都能找到正确的方向。

4. 我们需要学会使用地图的图例。图例是地图上的一个关键部分，它解释了地图上所有符号和颜色的含义。通过阅读图例，我们可以快速理解地图上的信息，从而更好地利用地图。

读懂地图，就是读懂世界。它可以帮助我们了解地理环境，预测气候变化，规划旅行路线，甚至有助于解决社会问题。因此，就让我们从现在开始，学习读懂地图，探索世界的密码吧！

 **食物残渣变废为宝**

在我们的日常生活中，食物残渣是一个无法避免的存在。然而，你是否知道，这些看似无用的食物残渣，其实也蕴含着巨大的价值？它们可以转化为有机肥料，用于种植绿色植物。今天，就让我们一起走进这个绿色的魔法世界，进行一次探索食物残渣变废为宝的奇妙之旅。

首先，我们需要准备一些常见的食物残渣，如蔬菜皮、水果皮、咖啡渣等。这些看似无用的东西，其实是大有用处。它们富含有机物质和微量元素，是植物生长的良好营养来源。

接下来，我们需要将这些食物残渣进行发酵处理。这个过程就像是大自然的魔法，将食物残渣转化为有机肥料。微生物会分解食物残渣中的有机物质，产生大量的氮、磷、钾等植物所需的营养元素。

发酵完成后，我们就可以将这些有机肥料用于种植了。找一个合适的种植场所，它可以是家里的阳台，或者社区的公共绿地，于花盆或平地挖一个坑，将有机肥料填入其中，然后种上你喜欢的植物，就可以开始你的绿色生活了。

在种植过程中，你会发现，这些由食物残渣转化而来的有机肥料，对植物的生长有着神奇的效果。食物残渣中含有大量的有机物质和微量元素，发酵后可以提高土壤的肥力，促进植物的生长。不仅如此，这些有机肥料还能改善土壤结构，提高土壤的保水能力，使植物生长得更加茂盛。

通过亲手种植，我们可以更加深入地了解植物的生长过程，体验与大自然亲近的乐趣。同时，也可以收获新鲜的蔬菜和果实，提高我们的生活幸福指数。

水培日记 1

种植芹菜

将芹菜根部（白色
的部分）剪下，置于装
着水的容器中。

让其尽可能多地接受日
照，约一周之后就会有新的
芹菜秆长出。

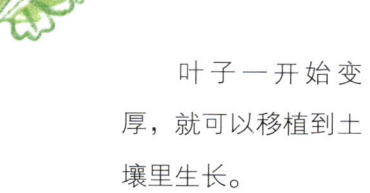

叶子一开始变
厚，就可以移植到土
壤里生长。

水培日记2

种植莴、笋萝卜

将莴笋根或者萝卜缨立在水里会长出新叶子。

建议1-2天换一次水。不过这种水培莴笋根或者萝卜缨只可观赏。

50 拼贴一首诗

城市里有等不完的红绿灯，写字楼里有做不完的工作，遮风避雨的港湾永远迎不来安静的一刻……

生活中有着太多的匆匆忙忙、慌慌张张，使人无比向往诗与远方，但也许你和我一样，还缺了点追寻远方的勇气，既然如此，那就先创作一首你所期待的诗吧！

❶ 找一张废弃的报纸，或翻开充当隔热垫的杂志，实在不

行就从书架上找一本旧书。在泛黄的纸张上选择并剪取那些不再清晰的文字，至少需要 30 个字词。

2 把它们放在一个盘子里，打乱顺序。

3 一次抽取一个字词，用胶水贴到一张纸上，一首拼贴诗就此诞生了。

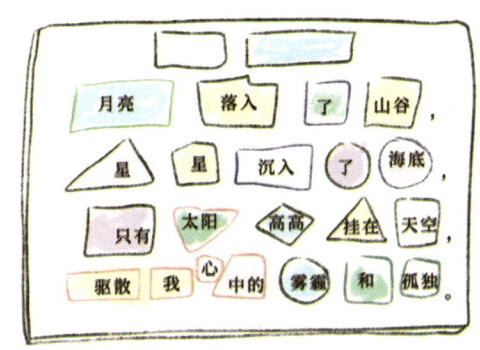

你看，我创作了一首很有文艺范儿的拼贴诗：

月亮落入了山谷，

星星沉入了海底，

只有太阳高高挂在天空，

驱散我心中的雾霾和孤独。

 **51 做一本专属月度杂志**

生活中我们总是忙忙碌碌，似乎忘记了停下来欣赏生活中的美好瞬间，一个个瞬间就这样来了又去，甚至留不下一丝痕迹。要怎样弥补这种缺憾呢？制作月度杂志或许是个不错的选择。

月度杂志，顾名思义，就是每个月制作一本专属于你的杂志，用来记录你在这个月里的生活点滴、感悟和成长。通过这本杂志，你可以回顾过去的日子，感受那些曾经的快乐、悲伤、感动和惊喜。同时，它也可以帮助你更好地规划未来，激发你的生活热情和动力。

你需要将这个月发生的事情以月度杂志的形式呈现出来。你可以选择电子版或者纸质版，也可以选择自己设计封面和版面。这个过程，不仅可以提升你的整理和编辑能力，也可以让你在享受创作的过程中，找到属于自己的乐趣。

如何制作一本专属的月度杂志呢？以下一些建议可供参考：

1. 确定主题：每个月的杂志可以围绕一个特定的主题展开，如爱情、友情、亲情、旅行、美食等。这样可以让你的杂志更具个性和特色。

2. 收集素材：在每个月的开始，你可以准备一个本子或者文件夹，用来收集这个月里的照片、文章、手绘、票据等各种素材。这些素材可以是你自己拍摄的，也可以是从网络、书籍、报纸等渠道获取的。

3. 设计版面：在收集完素材后，你需要对杂志进行版面设计。你可以选择一种喜欢的风格，如简约、复古、文艺等。同时，还可以根据自己的喜好添加一些装饰元素，如边框、贴纸、印章等。

4. 编辑内容：在设计好版面后，你需要对杂志的内容进行编辑。你可以将收集到的素材按照时间顺序排列，或者按照主题进行分类。此外，你还可以为每篇文章配上一段简短的评论或者感悟，让杂志更具深度和内涵。

5. 打印装订：在完成编辑后，你可以将杂志打印出来，并进行装订。你可以选择一种你喜欢的纸张和装订方式，如铜版纸、哑粉纸等。这样，一本专属于你的月度杂志就诞生了！

52 自由创作一个故事

我们都有自己的故事，有自己的情感，有自己的思考。而创作，就是我们将这些内心世界呈现出来的方式。自由创作，就是让我们的内心世界得到释放，让我们的生活变得更加丰富多彩。

自由创作不是天马行空，随意发挥，而是有目标、有方向的创作。它需要我们有独立思考的能力，有对生活的敏感度，有对美的追求。我们每天都会接触大量的信息，如果没有独立思考的能力，就很容易被这些信息淹没。而独立思考的能力，能够让我们在面对这些信息时有自己的判断和观点。

我们要明确什么是好的故事。好的故事不仅仅情节丰富、人物性格鲜明，更重要的是能够引发读者的共鸣，让他们在阅读的过程中产生情感上的波动。因此，我们在创作故事时，首先要考虑的是如何让读者产生共鸣。

如何让读者产生共鸣呢？这就需要我们从以下几个方面入手：

1. 选择一个引人入胜的主题：好的主题是故事的灵魂。它可以是一种普遍的人类情感，也可以是一个深刻的社会现象。只要我们能够找到一个触动人心的主题，就一定能够吸引读者的注意力。

2. 塑造鲜明的人物形象：人物是故事的主体，他们的行为和情感构成了故事的主线。因此，我们在创作故事时，要尽可能地塑造出鲜明的人物形象，让读者能够对他们产生共鸣。

3. 设计紧张刺激的情节：情节是故事的骨架，它决定了故事的发展脉络。一个好的情节应该紧张刺激，让读者在阅读的过程中始终保持高度的兴趣。

4. 使用生动的语言：语言是故事的载体，它决定了故事的表现力。我们在创作故事时，要尽可能地使用生动的语言，让读者感受到故事的魅力。

5. 创造独特的故事背景：故事背景是故事发生的舞台，它为故事提供了丰富的素材。一个好的故事背景应该是独特而富有魅力的，让读者能够在阅读的过程中产生强烈的代入感。

自由创作时间

根据下面的提示，创作一个悬疑故事吧。

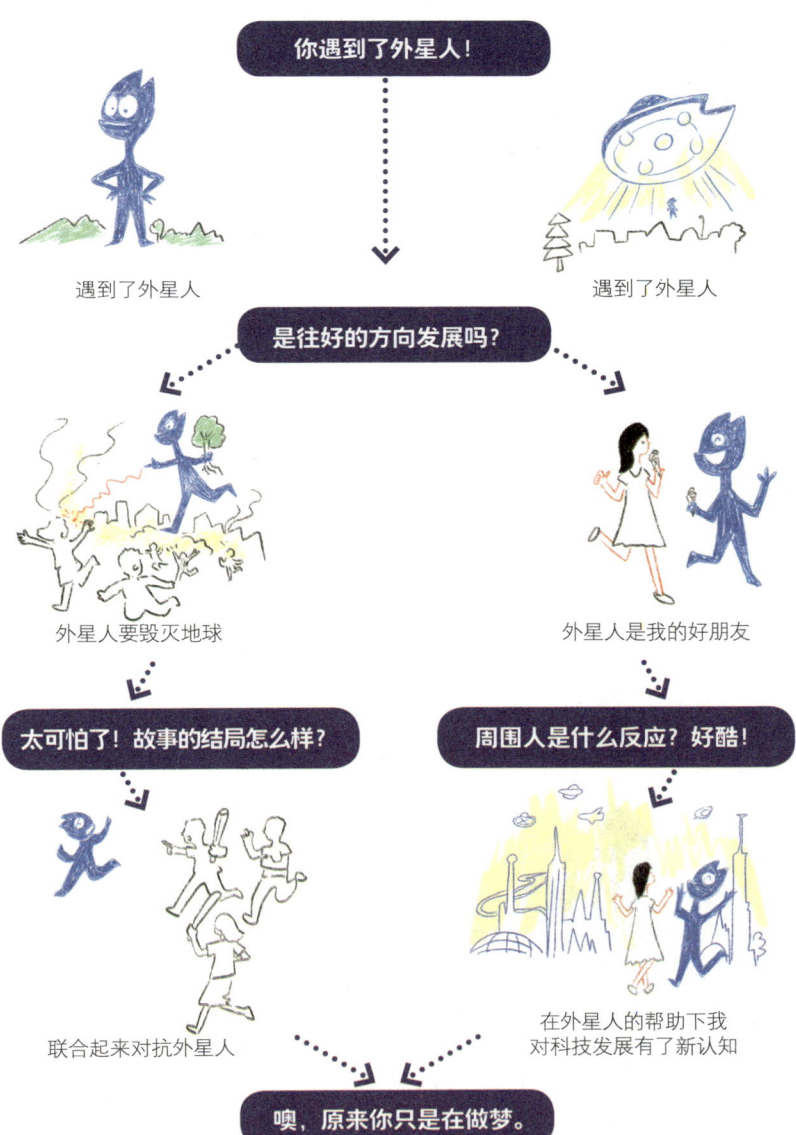

你遇到了外星人！

遇到了外星人

遇到了外星人

是往好的方向发展吗？

外星人要毁灭地球

外星人是我的好朋友

太可怕了！故事的结局怎么样？

周围人是什么反应？好酷！

联合起来对抗外星人

在外星人的帮助下我对科技发展有了新认知

噢，原来你只是在做梦。

53 把最开心的事情画下来

　　画画是一种表达情感的方式，可以把我们的心情、我们的感受、我们的快乐、我们的悲伤，通过色彩和线条表现出来。而当我们把最开心的事情画下来的时候，就像是在用画笔记录下我们生活中的每一个美好瞬间，让这些瞬间变得更加鲜活和真实，并能更加深入地思考这些事情给我们带来的快乐和满足，更加深入地理解这些快乐和满足的来源。这样，我们就可以更好地把握生活、享受生活。

当我们把最开心的事情画下来的时候，就像是在用画笔描绘我们内心的世界，让我们的心情得到释放。这样，我们就可以更好地面对生活的挑战，更好地应对生活的压力。

用画笔记录生活，不仅仅是一种艺术创作，更是一种生活态度。它让我们学会用心去感受生活，去发现生活中的美好。在这个过程中，我们可以逐渐摆脱生活的压力，找到内心的宁静。通过画画，我们还可以培养自己的审美能力和创造力，让生活变得更加丰富多彩。

简笔画时间

让我们拿起画笔，学习如何描绘出我们看到的世界！

画椭圆形组成熊猫简笔画

画三角形组成企鹅简笔画

画几何图形组成小猫简笔画

54 春天的时候庆祝花开

春回大地，万物复苏，大地披上了彩衣。

阳光洒满枝头，温暖了寒冬的梦；花朵绽放，诉说着生命的力量。

桃花灼灼，如少女般娇羞；樱花飘落，似雪花般纯净。

杏花含苞，待春风轻拂；牡丹盛开，犹如王者的荣耀。

绿叶摇曳，为花儿伴舞；蜜蜂采蜜，传递着生命的甜蜜。

蝴蝶翩翩，与花儿共舞；鸟儿歌唱，为春天献上赞美。

春日花开，是大自然的恩赐，让我们珍惜这美好的时光。

春天带给我们的不仅仅是生机与活力，更是对生命的热爱与尊重。它用它的道路引领我们走向未知的世界，用它的风景让我们感受到生命的美好。它是生命的旅程，是活力的象征，是万物向前的季节。

春天盛开的 9 种花

　　春天的时候庆祝花开，不仅仅是为了欣赏那些美丽的花朵，更是为了庆祝生命的盛宴。以下是 9 种常见的春季绽放的花朵。

1.梅花: 冬末春初凌寒怒放，花色纯白或粉红，花香扑鼻。

　　2.迎春花: 花期是每年的 2 月至 4 月，因在百花中开花最早，绽放后即迎来百花齐放的春天而得名。

3. 樱花: 花期在 3 月下旬至 4 月下旬，花色清新。

　　4.水仙花: 花香清新，花色淡雅。

5. 杜鹃花: 耐寒花卉，花色丰富多样。

6. 风信子: 花色鲜艳，有着浓郁的香气。

7. 郁金香: 花朵形状独特，色彩丰富多样。

8. 桃花: 芳香艳丽，是春天最具象征意义的花朵之一。

9. 丁香花: 丁香花有独特的花香，花朵呈紫色或白色。

55 经常做行走笔记

在生活中，我们是否曾经停下脚步，去感受那些被忽略的美好？是否曾经用心去记录那些平凡而又珍贵的瞬间？行走笔记是一种简单而又独特的记录方式，能让我们在忙碌的生活中，找到片刻的宁静与美好。

行走笔记可以帮助我们更好地观察生活，锻炼我们的思考能力。在行走的过程中，我们会接触到各种各样的人和事。这些经历会激发我们去思考，让我们对生活有更深刻的理解。通过行走笔记，我们可以将这些思考记录下来，让自己的思考更加深入、更加系统。

那么，如何做行走笔记呢？我们可以记录下自己的所见所闻、所思所感，无论是美丽的风景，还是有趣的人物。以下几点建议或许能给你一些启示。

1. 准备工具：在开始行走之前，我们需要准备一些记录工具，如笔记本、笔、相机等。这些工具可以帮助我们更好地记录下行走过程中的点点滴滴。当然，随着科技的发展，手机、平板等电子设备也成为可资利用的记录工具。

2. 保持敏感：做好行走笔记的关键在于观察和思考。我们需要时刻保持对周围环境的敏感，发现那些平时被忽略的美好。这需要我们具备一定的观察力和想象力，学会从不同的角度去看待事物。

3. 记录细节：行走笔记的魅力在于细节。我们需要记录下那些看似微不足道的细节，如路边的小花、行人的微笑、天空中的云彩等。这些细节往往能让我们更好地感受到生活的美好。

4. 表达情感：行走笔记不仅仅是对事物的记录，更是对情感的表达。我们需要通过文字、图片等方式，将我们的情感融入其中，让读者感受到我们的喜怒哀乐。

5. 定期回顾：行走笔记的价值在于回顾。我们需要定期回顾自己的行走笔记，从中汲取力量，激发灵感。同时，回顾也是一种成长，让我们不断地反思和进步。

做自己的行走笔记

行走笔记，就是在行走的过程中记录下所见所闻、所思所感的一种方式。它不需要华丽的辞藻，也不需要高深的技巧，只需要一颗愿意去发现生活美好的心。通过行走笔记，我们可以将生活中的点点滴滴记录下来，让生活变得更加丰富多彩。

画一画你遇到的小动物，比如小鸟，小猫。

列出让人感到美好的事物，比如一杯美味的咖啡，设计出众的房子。

City Walk

发呆
时间

记录你觉
得有趣的
信息

小猫好可爱

扫一扫你遇到
的花花草草

56 用手机拍摄自己的自然纪录片

如今，手机已经成为我们生活中不可或缺的一部分。它不仅仅是一个通信工具，更是一个强大的创作工具。视频作为一种直观、生动的传播方式，越来越受到人们的喜爱。从短视频到直播，从个人 Vlog（视频日记）到纪录片，视频记录已经成为我们生活中不可或缺的一部分。

人生短暂，美好的瞬间转瞬即逝。通过视频记录，我们可以将这些美好的瞬间定格在时光的长河中，让它们不被遗忘。视频记录是生活的一种延续，当我们翻看这些视频时，就像打开了一颗时光胶囊，可以尽情回味那些逝去的美好时光。

视频记录是一种文化的传承。在视频中，我们可以记录下自己的家乡、民族的风俗习惯、传统节日习俗等，让更多的人了解和传承这些宝贵的文化遗产。同时，视频记录还可以作为一种教育手段，让我们的后代了解过去的历史，从中汲取智慧和力量。

现在，我们就来谈谈如何用手机拍摄属于自己的纪录片。

开拍吧

用手机拍摄纪录片是一项既有挑战性又有趣的任务。它不仅可以锻炼我们的观察力和创造力，还可以更好地记录和分享我们的生活。所以，让我们拿起手机，开启我们的纪录片之旅吧！

选择主题

可以选择生活中的一件小事，或社会上的一个大问题。无论是什么主题，我们都需要对它有深入的了解和自己的见解。

进行拍摄

注意构图、光线、色彩等细节。学会运用手机的各种功能，如慢动作、延时摄影等。

进行剪辑

手机剪辑软件的功能越来越强大，我们可以利用它们来剪辑我们的影片，使其更加流畅、生动。

后期处理

这包括调整色彩、添加音乐、添加字幕等。这一步是提升影片质量的关键，我们需要花费大量的时间和精力来完成。

57 来一次野餐

选择一个风和日丽的周末，到郊外找一个空气清新、鸟语花香的地方，铺好野餐垫，摆上各种美食，包括热气腾腾的炸鸡、披萨。

在这里，你能够忘记城市的喧嚣，回归到最纯粹的生活。

下面就为大家分享一些实用的小贴士，让你的野餐之旅更加完美！

1. 选择合适的地点

选择一个合适的野餐地点至关重要。你可以选择公园、湖边、山脚下等风景优美的地方，让大自然成为你们野餐的背景。此外，还要考虑到交通便利、设施完善等因素，确保大家能够轻松愉快地度过这段美好的时光。

2. 精心准备食物

野餐的乐趣之一就是品尝美食。在准备食物时，要考虑到口感、营养和携带方便等因素。可以提前制作一些三明治、水果沙拉、烧烤等简单易携带的食物，让大家在享受美食的同时，也能感受到你的用心。

3. 携带必备物品

除了食物之外，还要准备好一些必备的物品，如野餐垫、餐具、纸巾、垃圾袋等。此外，还要根据天气情况，准备遮阳伞、防晒霜、蚊香等物品，确保大家在野餐过程中能够舒适自在。

4. 设计互动环节

为了让野餐更加有趣，可以设计一些互动环节。例如，可以组织一些游戏，如丢沙包、拔河等，让大家在欢声笑语中度过愉快的一天。此外，还可以邀请大家一起唱歌、讲故事，分享彼此的生活趣事，增进感情。

5. 注意安全卫生

在野餐过程中，要注意安全卫生。尽量选择干净整洁的地面铺设野餐垫，避免食物受到污染。此外，还要注意垃圾分类处理，将垃圾带走，保护环境。

一场有趣的野餐需要从选址、食物、物品、互动和安全卫生等方面综合考虑。只要用心去准备，相信你的野餐之旅一定会充满欢乐和温馨，成为一段难忘的回忆。

58 给漫长的旅途找点乐趣

人生如逆旅，你我皆行人，人生旅程的每一步都充满未知和惊喜。在漫长的旅途中，会遇到各种各样的人和事，有的让我们欢笑，有的让我们泪流满面，但无论如何，这都是我们生活的一部分，是我们人生的一种体验。

每一次踏上新的旅程，我们都会对前方充满期待。我们会期待遇到新的人，看到新的风景，体验新的生活。这种期待和探索的过程，就像是一场冒险，充满刺激和乐趣。

旅途的乐趣，更来自对生活的感悟和体验。在旅途中，我们会看到各种各样的风景，听到各种各样的故事，感受到各种各样的情感。这些风景、故事和情感，会让我们对生活有更深的理解和感悟。我们会明白，生活不仅仅是生存，更是体验和感受。我们会明白，旅行的意义不仅仅在于目的地，更在于旅途。

如何在漫长的旅途中找到乐趣，让旅行不再枯燥乏味呢？下面就为大家分享一些让旅途变得有趣的小技巧。

1. 与陌生人交流

在旅途中，我们可以结识来自五湖四海的朋友，与他们分享彼此的故事，了解不同的文化。这种交流不仅能让我们拓宽视野，还能给旅途增添许多欢乐。

2. 尝试当地的美食

每个地方都有自己独特的美食，品尝当地的特色菜肴，是旅行中的一大乐趣。不妨放下对陌生食物的顾虑，大胆尝试，说不定会有意想不到的惊喜。

3. 参加当地的活动

在旅行的过程中，可以关注当地的节日、庆典等活动，参与其中。这样既能丰富我们的旅行体验，还能让我们更加了解当地的风俗习惯。

4. 记录旅行的点滴

　　用相机或手机记录下旅行中的点点滴滴，无论是美丽的风景，还是有趣的人物，都值得我们珍藏。当我们回顾这些照片和文字时，会发现旅行的乐趣其实就在身边。

5. 挑战自己的极限

　　在旅途中，可以尝试一些新的运动，如徒步、攀岩等，挑战自己的极限。这样不仅能锻炼身体，还能让我们在克服困难的过程中找到成就感。

6. 随性而行

　　有时候，不必拘泥于行程安排，随性而行，去探索那些少有人知的景色。这样的旅行更能让我们感受到自由和快乐。

　　旅行不仅仅是一种放松身心的方式，更是一种生活态度。在漫长的旅途中，学会发现乐趣，让旅行变得更加丰富多彩。

59 头部按摩

　　长时间面对工作、学习、生活压力让我们的身体逐渐出现了各种问题，如颈椎病等。而这些问题往往会影响我们的生活质量，甚至导致心理健康问题。那么，如何在繁忙的生活中找到一个简单、有效、安全的方法来缓解身体和心灵的压力呢？我给出的答案就是按摩。

　　按摩是一种古老的疗法，它通过对人体特定部位的按压和揉捏，来促进血液循环，缓解肌肉紧张。

　　按摩也是一种简单易学、无须借助外力、随时随地都可以进行的保健方法。通过按摩，我们可以有效地缓解身体的疲劳，改善血液循环，促进新陈代谢，从而达到舒缓身心、保持健康的目的。

　　那么，要如何进行按摩呢？下面我们就来介绍几种简单易学的头部穴位的按摩方法。

按摩练习

安眠穴

一、安眠穴：行指揉法，以食指、中指成剑指，置于安眠穴上，稍用力按揉，以微觉酸胀感为度。于临睡前按揉，配合缓慢自然呼吸，按摩约 5 分钟，对失眠、头痛、目眩均有疗效。

二、印堂穴：被按摩者仰卧，按摩者坐于其头后，用拇指从鼻子向额头方向推抹印堂穴约 2 分钟，以局部有酸胀感为佳。具有缓解头痛、头晕眼花、眼睛疲劳、黑眼圈、鼻塞等效果。

印堂穴

迎香穴

三、迎香穴：将食指指尖置于迎香穴，做旋转揉搓。鼻吸口呼。吸气时向外、向上揉搓，呼气时向里、向下揉搓，连做 8 次，最多可做 64 次。鼻塞时按揉迎香穴，通常可缓解鼻塞。

同时，按摩还可以帮助我们释放压力，甚至有助于缓解一些慢性疾病的症状。在专业按摩师的手下，你会感到全身的肌肉都在逐渐松弛，紧张和疲劳的感觉也会随之消散。而且，按摩还能帮助改善睡眠质量，让你在忙碌的一天结束后，能够有一个深度的睡眠。

60 做一个漂亮的 PPT

在这个信息爆炸的时代，我们每天都会接触大量的信息，而如何让自己的信息在众多的信息中脱颖而出，成为每个人都需要思考的问题。PPT 是一种常见的信息传递工具，毫不夸张地说，对其运用的好坏直接关乎成败。今天，就让我们一起来探讨一下 PPT 的花样玩法，让你的信息展示独树一帜。

一个独特的主题可以让你的 PPT 从一开始就吸引观众的注意力。

一个好的结构设计可以让你的 PPT 更加有条理。你可以使用一些清晰的流程图，也可以使用一些复杂的思维导图。你可以使用一些简洁的列表，也可以使用一些详细的表格。只要把结构设计好，你的 PPT 就会显得更加有条理。

在 PPT 中，图片和视频是一种非常有效的视觉元素。一张好的图片或一条好的视频，不仅能够为你的 PPT 增色不少，还能够让你的演讲更加生动有趣。因此，在插入图片和视频时，要尽量选择那些高质量、与演讲内容相关的素材。同时，还要注意图片和视频的大小和格式，以免影响 PPT 的播放效果。

选择 PPT 内容

热门话题

小众话题

环保
科技
健康
教育
旅行

文艺电影
交响乐
悬疑小说
DIY 饰品
汉服

一个好的内容设计可以让你的 PPT 更加有深度。你可以使用一些有趣的故事，也可以使用一些深入的分析；你可以使用一些生动的例子，也可以使用一些抽象的概念。只要把内容设计好，就能让你的 PPT 更加有深度。

61 写一篇读书笔记

我们每天都会接触到大量信息，而阅读则是我们获取知识、提升自我、开阔视野的重要途径。然而，仅仅阅读是不够的，我们需要将阅读的心得体会记录下来，形成读书笔记。读书笔记不仅是对所读内容的回顾和总结，还可以充满无限的创意。今天，就让我们一起走进书香世界，探索写读书笔记的方法吧！

在阅读过程中，我们会遇到许多生僻的词语、复杂的句子和深刻的观点。通过做读书笔记，我们可以将这些难点一一攻克，加深对所读内容的理解。同时，读书笔记还可以帮助我们梳理思路，将零散的知识点整合成一个完整的知识体系。

在做读书笔记的过程中，我们可以运用自己的想象力和创造力，将所读内容与自己的生活经历、所学知识相结合，形成独特的见解和观点。这种创新思维的培养，对于我们的学习和工作都具有重要意义。

通过不断地记读书笔记，我们可以锻炼自己的文字表达能力，学会用简洁明了的语言表达自己的观点。这对于提高我们的写作水平，撰写好学术论文、工作报告或日常书信，都具有极大的帮助。

做读书笔记的主要目的是帮助我们理解和记忆书中的内容，因此，我们在做读书笔记时，应该以理解和记忆为主，而不该单纯地抄写或者摘录。我们可以在读书的过程中，对书中的重要内容进行标记，然后在读完书后，对这些内容进行整理和总结，写出自己的理解和感想。

如何做好读书笔记呢？这里给大家提几个小建议：

❶ 选择合适的工具

❷ 制定笔记模板，包括书名、作者、出版时间、主要观点、自己的感想等

❸ 注重思考和总结

62 做一次职业测试

职业测试是一种科学的心理测量工具，旨在通过一系列的问题和评估，帮助你了解自己的兴趣、能力、价值观等，从而为测试者提供最适合的职业建议。它不仅能帮助你明确自己的职业目标，还能帮助你提升职业技能，提高职业满意度。

如何利用职业测试这个神奇的工具呢？下面就为大家揭秘测试小妙招：

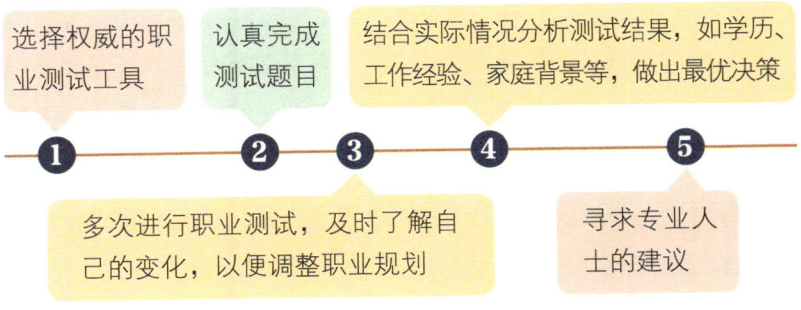

如果你对职业测试的结果不太了解，或者对自己的职业规划感到困惑，可以寻求专业人士的建议。他们可以根据你的实际情况，为你提供更有针对性的职业指导。

 **63** **思考并总结最近工作的进步与不足**

在日常生活中，我们总是在不断地学习、成长和进步。然而，要想真正地从这些经历中汲取养分，我们需要学会思考总结。思考总结是一种能力，它能帮助我们更好地理解自己，发现自己的优点和不足，从而为未来的发展奠定基础。

人生的每一步都充满挑战与机遇。我们在不断地前进，同时也在不断地反思和学习。在这个过程中，我们需要学会感受进步与不足，因为这两者分别是我们成长的阶梯和镜子。

每一次的成功，无论大小，都是我们努力的结果，都是我们成长的标志。我们应该为自己的进步感到骄傲，因为这是我们付出汗水和努力所获取的回报。同时，进步也是我们的动力，它让我们有信心面对更大的挑战，有勇气追求更高的目标。因此，我们要学会欣赏自己的进步，让这种欣赏成为我们前进的动力。

但这并不意味着我们可以忽视自己的不足。相反，我们应该更加关注自己的不足，因为这是我们成长的空间。每一次的失败，无论多么痛苦，都是我们成长的机会。我们应该从失败中学习，从中找到自己的不足，然后努力改正。只有知道自己的不足，我们才会知道努力的方向，才会有勇气去挑战。因此，我们要学会接受自己的不足，并让之成为我们成长的动力。

那么，如何才能学会思考总结呢？

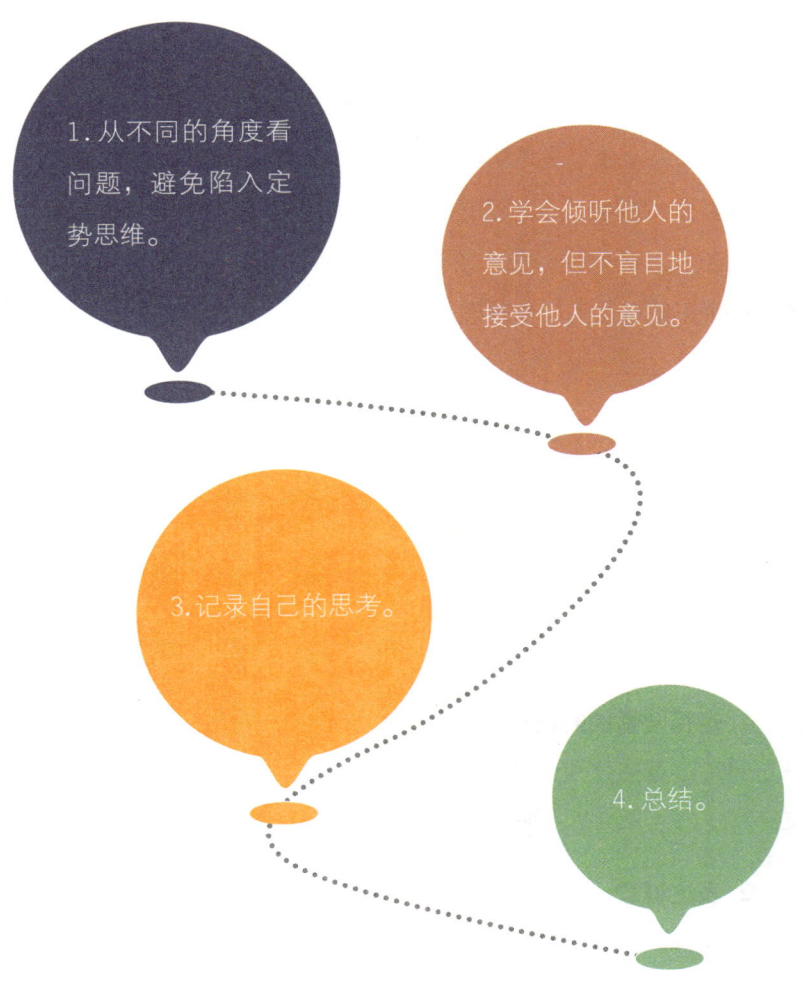

1. 从不同的角度看问题，避免陷入定势思维。

2. 学会倾听他人的意见，但不盲目地接受他人的意见。

3. 记录自己的思考。

4. 总结。

 64 主动向上司寻求反馈建议

在职场中，我们总是期待着能够得到上司的认可和赞赏。然而，有时候我们可能会发现自己的努力并没有得到预期的回报，甚至可能会被忽视。这时候，我们需要学会主动向上司寻求反馈意见，以便更好地了解自己的工作表现，找到提升方法。

我们要明白，向上司寻求反馈意见并不是一件丢人的事情。相反，这是一种积极的态度，表明我们对自己的工作有要求，有上进心。而且，上司作为我们的领导，他们的职责之一就是帮助我们成长，指导我们的工作。因此，向他们请教问题，是我们快速成长的一种途径。

那么，如何向上司寻求反馈意见呢？以下是一些建议：

1. 选择合适的时机：最好是在完成一个项目或者任务之后，这样上司可以更清楚地了解你的工作表现。此外，避免在上司忙碌的时候打扰他们，以免给他们带来压力。

2. 表达诚意：可以先对上司表示感谢，然后告诉他们你希望能够得到他们的指导，以便更好地提升自己。

3. 提出具体问题：上司可以针对你的具体问题给出有针对性的建议。同时，也要注意不要提出过于敏感的问题，以免引起不必要的误会。

4. 倾听和接受：在向上司请教问题时，要认真倾听他们的意见和建议。即使有些建议让你感到不舒服，也要尽量保持冷静，接受他们的批评。只有这样，你才能真正从他们的建议中学到东西。

5. 及时反馈：在得到上司的反馈意见后，要及时向他们汇报你的改进情况。这样，他们会觉得自己的建议得到了重视，也会更愿意帮助你。

65 做一做眼保健操

在每天的生活工作中，我们离不开电脑、手机等电子产品。这就导致我们长时间盯着屏幕看，这样不仅会导致颈椎、腰椎疲劳，还会对眼睛造成极大的伤害，青少年尤其严重。

据国家疾控局监测数据显示，2022 年我国儿童青少年总体近视率为 51.9%，面对这样的数据，我们不禁要问：如何才能保护好我们的眼睛呢？

第一个答案就是——做眼保健操！

眼保健操是一种通过特定的动作和呼吸来放松眼部肌肉、促进血液循环、缓解视疲劳的锻炼方法。它起源于 20 世纪 70 年代，经过几十年的发展，现在已经成为一种被广泛传播的健康养生方式。那么，如何正确地做眼保健操呢？下面就让我们一起来学习一下吧！

在做眼保健操的过程中，涉及到多个与眼睛相关的穴位，如揉攒竹穴、按睛明穴、按四白穴、按太阳穴、按风池穴等。

攒竹穴

鱼腰穴

丝竹空穴

太阳穴

瞳子髎

耳垂

四白穴

睛明穴

1. 揉攒竹穴 攒竹穴在两个眉梢内侧，可以月拇指按压，也可以旋转式按压。

2. 按睛明穴：睛明穴在两个内眼角的鼻根部，方法是用拇指按压或旋转式按压。

3. 按四白穴：四白穴在下眼眶的上颌骨上小凹陷处，可以用食指进行按压。

4. 按太阳穴：以拇指按着太阳穴，以食指沿着上眼眶缘来回刮压。

5. 按风池穴：在后颈部乳突下方凹陷处，也可以食指和中指一并按压，或者旋转式按压。

6. 揉耳垂：耳垂的正中，可以拇指、食指捏着进行揉搓。

我们要注意做眼保健操的时机。一般来说，每隔一小时左右，我们就应该停下来，做眼保健操。这样既能缓解视疲劳，又能提高工作效率。此外，我们还可以在课间休息、午休、晚上睡觉前等时间段做眼保健操，让眼睛得到充分的休息。

我们要养成良好的用眼习惯。除了做眼保健操之外，我们还应该注意以下几点：

> ❀ 保持正确的坐姿，与电脑屏幕保持适当的距离；
>
> ❀ 避免长时间盯着屏幕看，每隔一段时间就要看看远处，让眼睛得到放松；
>
> ❀ 保证充足的睡眠，让眼睛得到充分的休息；
>
> ❀ 多吃富含维生素 A、C、E 的食物，如胡萝卜、西红柿、柠檬等，以增强眼睛的抗氧化能力。

总之，做眼保健操是我们保护眼睛的有效方法。让我们从现在开始，每天都坚持做眼保健操，让眼睛"动"起来，远离近视眼危机！

66 给父母或长辈写一封家书

亲爱的爸爸妈妈：

你们好！

收到这封信是不是有些惊讶？毕竟我们已经习惯了用手机、电脑进行沟通，手写信已显得有些跟不上形势。但是，我想通过这种方式，将我的思想感情更加真实地传达给你们。

我想说声谢谢。谢谢你们在我成长的过程中，给予我无私的爱和关怀。我记得小时候，每当我生病，你们总是焦急地守在我床边，为我测体温、喂药。那时候，我总是觉得病痛是那么可怕，但是有了你们的陪伴，我却感到了无比的安心。

我也记得，每当我在学习上遇到困难，你们总是耐心地教导我，鼓励我，告诉我："这世上没有过不去的坎，只有不肯去跨的人。"这句话，我一直记在心里，每次面对困难，想起这句话，我身上就充满动力。

爸爸妈妈，我想告诉你们，我已经长大了，我会承担起自己的责任。我会努力学习，提升自己，不让你们失望。

同时，我也想告诉你们，我会珍惜每一次我们的相处时光。我知道，时间是最公平的，它不会因为任何人而停下脚步。我希望，我能在有限的时间里，给你们带来更多的快乐和安慰。

我想对你们说，我爱你们。这是我心中最深的情感，也是我最真实的告白。我知道，我不能像你们为我付出一切那样去对待你们，但我会用我所有的力量，去爱你们，去保护你们。

这就是我想对你们说的话，希望这封信能带给你们一丝慰藉。我知道，无论我走到哪里，无论我变成什么样子，你们始终都是我最坚实的后盾。

祝爸妈身体健康，天天开心！

你们永远的孩子

67 给未来的自己写一封信

亲爱的未来的我：

此刻的我，笔尖跃动，在岁月的长河中，为你写下这封信。

愿你在未来的日子里，依然怀揣着梦想，勇敢地追求。

曾经的我，年少轻狂，不知天高地厚，只顾向前冲。

但愿你已学会了谦逊与沉稳，在风雨中，依然能够坚定前行。

我希望你能够保持一颗善良的心，只有保持善良，我们才能在这个世界上找到真正的快乐。

我想告诉你，要学会感恩。感谢生活中的每一个人，每一件事，因为它们都是你成长的阶梯。

亲爱的未来的我，愿你在未来的日子里，不忘初心，砥砺前行。愿你的生活充满阳光、温暖和幸福。愿你永远保持一颗感恩的心，珍惜每一个美好的瞬间。

过去的自己

×年×月×日

68 **带家人一起去做一次体检**

带家人一起去体检，在体检的过程中，我们可以共同面对可能出现的问题。这不仅能让我们在面对健康问题时更加坚强，也能让我们在日常生活中更加珍惜彼此。

每个人的身体状况都是不同的，有些人可能有一些潜在的健康问题，而这些问题在平时可能并不明显。通过体检，我们可以及时发现这些问题，采取相应的措施，避免重大疾病的出现。

在体检的过程中，我们可以了解到更多关于健康的知识，这不仅可以帮助我们更好地保护自己和家人的健康，也可以让我们更加重视健康，珍惜生活。

带家人去体检的小贴士

1. 提前预约：体检机构通常人流量很大，为了减少排队等待，最好提前一周左右预约体检时间。同时，预约时可以询问是否有适合家人的体检套餐，以便选择最合适的项目。

2. 空腹检查：有些体检项目需要空腹进行，因此，体检当天早上不要吃早餐，也不要喝含糖的饮料。如果需要做血液检查，前一天晚餐也不要吃得太油腻。

3. 携带相关证件：体检时需要提供身份证。

4. 注意体检顺序：体检项目一般按照一定的顺序进行，例如先做血液检查，再做尿液检查。这是因为有些项目需要空腹。因此，了解体检项目的先后顺序，可以帮助我们更好地完成体检。

5. 保持积极态度：体检虽然是一项必要的健康检查，但有些人可能会感到紧张或害怕。因此，我们需要鼓励家人保持积极的态度，告诉他们体检是为了更好地了解自己的健康状况，及时发现并解决问题。

6. 关注体检结果：体检结束后，我们需要关注体检结果，如果有异常，应及时咨询医生，制定相应的治疗方案。

带家人去体检是我们的一项重要责任，我们需要做好充分的准备，以确保体检的顺利进行。同时，我们也需要关注家人的健康状况，让他们知道我们一直在关心他们。只有这样，我们才能真正过上健康的生活。

69 与家人一起庆祝春节

春节的气氛总是那么浓烈，仿佛只要一走进家门，就能感受到那份浓浓的年味。家人们早早地开始准备年货，忙碌的身影在香气四溢的厨房里穿梭。大人们忙着贴春联、挂灯笼，孩子们则兴奋地等待着新年的到来。

除夕夜，一家人围坐在一起，享受着丰盛的年夜饭。餐桌上摆满各种美味的菜肴，每一道都是家人的心意。大家边吃边聊，欢声笑语充满整个房间。饭后，大家一起看春晚，欢笑声、掌声此起彼伏。

当午夜的钟声敲响，新的一年正式开始。家人们一起放烟花。盛放的烟花照亮了整个夜空。那象征着新的希望和梦想，也象征着家庭的团圆和幸福。

春节期间，家人们还会一起拜年、走亲访友，分享彼此的喜悦和祝福。这是一种深度的亲情交流，也是一种对传统文化的传承。

春节，是一个团圆的节日，是一种情感的寄托，更是一种文化的传承。在这个特殊的日子里，让我们一起感受那份浓浓的年味，享受那份团圆的幸福。

70 找出朋友的优点，并夸赞他 / 她

　　每个人都有自己的优点和特长，这些优点和特长使他们独一无二，充满魅力。有时候，我们可能会因为熟悉而忽视这些优点，甚至忘记赞美。这是不应该的，因为赞美是一种力量，它可以让人们感到被尊重和被欣赏，从而增强他们的自信心和幸福感。

　　找出朋友的优点并不难，只要我们用心去观察和感受。她可能热情洋溢，总是充满活力；可能是善良体贴，总是关心他人；可能有着非凡的聪明才智，总是有新颖的想法；也可能性格坚韧不拔，总是能在困难面前坚持下去。无论是什么优点，只要我们发现并赞美，就会让朋友感到温暖和幸福。

　　你要赞美朋友的智慧。或许她见识广博，对各种知识都有涉猎，与她交谈总能让你大开眼界。她的智慧不仅体现在学术上，更体现在她对人生的洞察力和判断力上。她总是能在关键时刻给你提供正确的建议，让你避免走弯路。

　　你要赞美朋友的勤奋。或许她从不拖延，对待每一件事情都充满热情。她总是早早地开始准备，不放过任何一个细节。她的勤奋

会激励着你不断努力。在她的影响下，你也变得更加自律，更加珍惜时间。

你要赞美朋友的乐观。或许她总是面带微笑，用积极的心态面对生活中的种种困难。她的乐观感染了你，让你学会了在逆境中坚持，勇敢地面对挑战。她的乐观让你明白，只要心态好，就没有什么事情是过不去的。

你要赞美朋友的善良。或许她待人真诚，乐于助人，总是愿意为别人着想。她的善良让你感受到了人间的温暖，也让你明白了什么是真正的友谊。在她的身边，你学会了关爱他人，学会了感恩。

71 找到自己的优点，写下来

如何找到我们的优点并且写下来呢？

你可以问自己一些问题，比如"我最擅长什么""我在什么事情上感到最自信"或"我在什么情况下感到最快乐"。通过这些问题，你可以找到自己的优点和特长。我们需要进行一次深度的自我反思。这并不仅仅是对自己外貌、能力和成就的简单回顾，更要深入到自己的内心，去探索自己的价值观、信念和激情。

如何发掘自己的优点呢？下面就为大家提供一些实用的小贴士。

1. 自我反思

要想发掘自己的优点，首先要进行自我反思。可以从以下几个方面进行思考：

你的兴趣爱好是什么？这些爱好能带给你什么？

你在学习、工作中取得过哪些成绩？这些成绩背后体现了哪些优点？

你在人际交往中表现出了哪些优点？比如善于倾听、乐于助人等。

你在面对困难和挑战时，是如何克服的？这些过程中有哪些值得肯定的地方？

通过自我反思，你会发现自己原来有这么多的优点。

2. 请他人评价自己

有时候，我们很难发现自己的优点，这时候可以请身边的朋友、家人和同事。评价他们可以从一个旁观者的角度，发现你身上那些你自己没有注意到的优点。你可问他们"你觉得我有什么优点"或者"你觉得我在哪些方面做得比较好"，通过他们的回答，你会对自己认识得更加全面。

3. 记录成长

在日常生活中，我们可以养成记录自己成长的习惯。取得一个小成就，或者在某个方面有所进步，都可以记录下来。这样，当你回顾这些记录时，你会发现自己在不断成长，也会发现自己的优点越来越多。

4. 不断提升

发现自己的优点后，要不断提升。可以通过学习、实践、交流等方式，让自己的优点更加突出。同时，也要注意发现自己的不足，努力改进，让自己变得更加完美。

72 找到并改正自己的一项缺点

每个人都有自己的优点和缺点。优点让我们在人群中脱颖而出，而缺点则可能成为我们前进道路上的绊脚石。然而，正是这些缺点，让我们有机会去改变自己，去成为更好的自己。

我们需要正视自己的缺点。很多人在面对缺点时，会选择逃避或者否认。然而，这样做并不能解决问题，反而会让问题变得更加严重。只有正视自己的缺点，才能找到解决问题的方法。我们可以从日常生活中的点滴小事开始，观察自己在哪些方面做得不够好，然后进行总结和反思。

那么，比如有些女生比较胆小，那么如何改正它让自己变得更加勇敢呢？

1. 正视自己的胆小

首先，我们要正视自己的胆小。胆小并不是一种罪恶，而是一种性格特点。我们要学会接受自己的胆小，不要因为害怕别人的眼神而逃避。只有正视自己的胆小，才能找到解决问题的方法。

2. 增强自信心

胆小的人往往缺乏自信。我们可以通过提升自己的能力、积累成功经验来增强自信心。同时，我们还要学会自我肯定，相信自己有能力克服困难，战胜恐惧。

3. 逐步挑战自己

要改掉胆小的缺点，我们需要逐步挑战自己。可以从生活中的小事开始，比如主动和别人交流、参加社交活动等。每次成功地完成一个挑战，都会让我们更加自信，逐渐摆脱胆小的枷锁。我们需要制订一个切实可行的计划来改正自己的缺点。

4. 学会调整心态

胆小的人往往容易紧张和焦虑。我们要学会调整心态，保持平和的心情。可以尝试深呼吸、冥想等放松技巧，帮助自己在面对困难时保持冷静。

5. 寻求支持和帮助

在改掉胆小的过程中，我们可以寻求亲朋好友的支持和帮助。他们的鼓励和陪伴会让我们更加勇敢地面对困难。同时，我们还可以向心理咨询师寻求专业建议，帮助我们更好地应对胆小带来的困扰。

73 记录一天的开销

在这个物质极大丰富的时代，我们的生活中充满各种各样的消费。从早餐的面包牛奶，到午餐的外卖便当，再到晚餐的家庭聚餐，日复一日，对外支出额不断增长。然而，你是否曾经想过，这些看似毫不起眼的开销，其实都是你生活的一部分，它们在悄悄地塑造着你的生活方式和生活质量。因此，记录一天的开销，不仅是理财的第一步，更是了解自我、提升生活质量的重要途径。下面，就让我们一起来探讨一下如何轻松记账：

1. 选择一款适合自己的记账软件。现在市面上有很多记账软件，如随手记、挖财等，它们都有各自的特点和优势。你可以根据自己的需求和喜好，选择一款最适合自己的记账软件。记住，选择的过程就是了解自己的过程，只有了解自己的需求，才能更好地管理自己的财务。

2. 养成每天记账的习惯。记账并不是一件复杂的事情，你只需要每天花上几分钟的时间，将当天消费的金额和内容记录下来。这样，你就可以清楚地知道自己的钱都花在了哪里，也可以更好地控制自

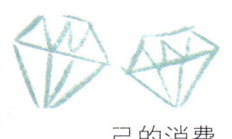

己的消费。

3. 定期查看和分析账单。记账的目的不仅仅是为了记录每一笔消费，更重要的是通过查看和分析账单，了解自己的消费习惯和消费模式，从而做出合理的消费决策。你可以每周或每月查看一次账单，看看自己的钱都花在了哪些地方，是否有不必要的消费，然后根据分析结果，调整消费习惯。

4. 制定合理的预算。预算是理财的基础，也是控制消费的有效手段。你可以根据自己的收入和消费情况，制定一个合理的预算，然后严格执行。这样，你就可以避免因为无计划的消费而造成经济压力。

记录一天的开销，不仅可以让你了解自己的消费习惯，还可以帮助你更好地管理你的金钱。你可以根据开销情况，制定出合理的预算，避免不必要的浪费。同时，你也可以通过比较不同日期的开销，找出你的消费热点，从而更好地控制自己的消费。

74 给自己搭一顶帐篷

总会有那么个瞬间，我们渴望拥有一个属于自己的小天地，从而暂时逃离外界的喧嚣，享受片刻的宁静。那么，为什么不在家里给自己搭一顶帐篷呢？这不仅是一个有趣的挑战，也是一个让你重新发现家的好方法。

搭建帐篷的过程就是一个创造的过程。你可以根据自己的喜好和家里的空间来设计帐篷的大小、形状和装饰。你可以选择简单的单人帐篷，也可以选择复杂的多人帐篷。制作帐篷，可以就地取材，你可以选择用布料、床单或者纸箱，也可以选择用木头、竹子或者金属。这个过程不仅可以锻炼你的动手能力，也可以激发你的创造力。

住在帐篷里可以让你有一个全新的生活体验。你可以把帐篷放在客厅、卧室、阳台或者花园等不同的地方，这样你每天都可以在不同的环境中醒来。你可以在帐篷里看书、听音乐、看电影、睡觉。这种生活方式可以让你更加接近自然，更加享受生活。

如何在室外快速搭建帐篷

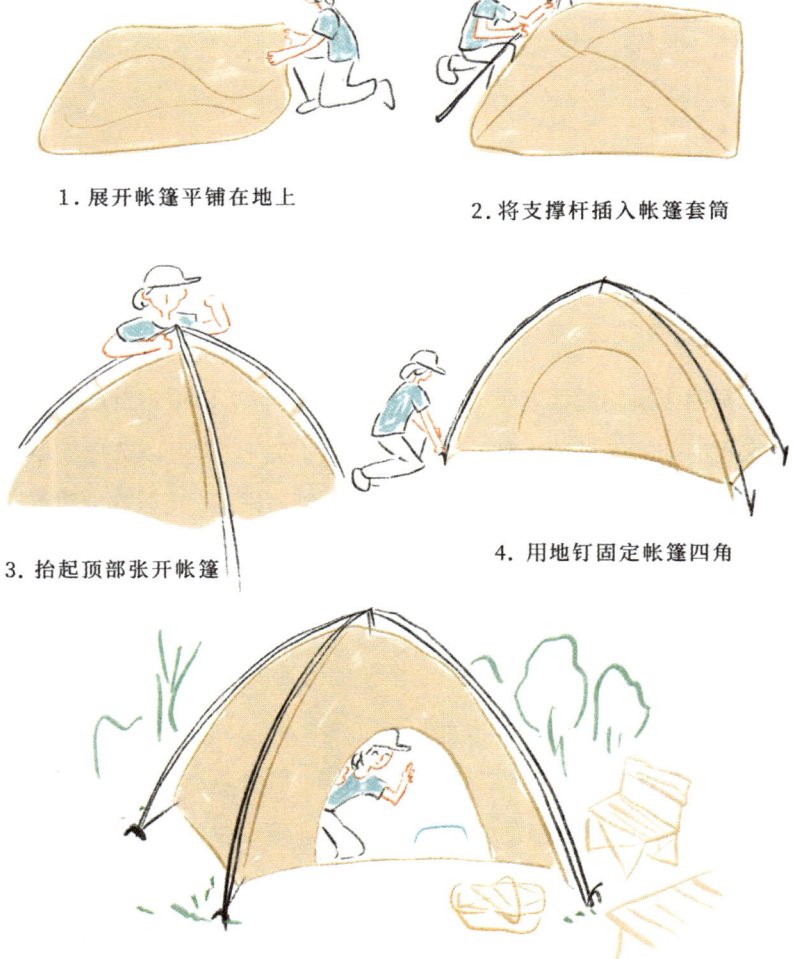

1. 展开帐篷平铺在地上

2. 将支撑杆插入帐篷套筒

3. 抬起顶部张开帐篷

4. 用地钉固定帐篷四角

75 为自己选一套舒适的睡衣

人的一生有约三分之一的时间是在床上度过的，睡眠是我们放松身心的最佳方式。但是，你是否曾经注意过，一套舒适的睡衣对于睡眠质量有着至关重要的影响？那么，我们该如何为自己选一套舒适的睡衣，让每个夜晚都充满幸福感呢？

我们要明确一点，睡衣的舒适度并不仅仅取决于它的款式和颜色，更取决于它的面料和质地。柔软、亲肤、透气的面料，如纯棉、莫代尔等，不仅能够保证皮肤在睡眠过程中得到充分的呼吸，还能够有效地减少摩擦，让我们在翻身时不会感到不适。

一套合适的睡衣应该能够完美地贴合我们的身体曲线，既不过于紧身，也不过于宽松。过于紧身的睡衣会限制我们的大动作，导致身体不适；而过于宽松的睡衣则会让我们在翻身时感到受到束缚。因此，在选择睡衣时，我们应该根据自己的身材特点来挑选合适的板型。

睡衣的颜色也会影响到我们的睡眠质量。一般来说，深色的睡衣更容易让人产生困意，因此，如果你是一个容易失眠的人，那么在选购睡衣时，不妨选择深色系的产品。

一套舒适的睡衣对于我们的睡眠质量有着至关重要的影响。只有选择面料、板型、颜色都恰当的睡衣，我们才能够在每个夜晚都拥有一个甜美的梦。

76 约闺蜜喝一次下午茶

点上一壶玫瑰花茶，搭配着精致的点心，和闺蜜开始一次惬意的下午茶时光。

颜值爆表的马卡龙、口感丰富的提拉米苏、香甜可口的水果塔……每一种甜品都让人陶醉其中，仿佛品尝到了幸福的味道。

茶香四溢，点心诱人，边品尝美食，边畅谈心事。

在这个悠闲的时光里，仿佛回到了那个无忧无虑的少女时代，那些青涩的往事历历在目。

当你体验过后就会发现，和闺蜜一起喝下午茶是一种简单而又美好的生活方式。它不仅能让我们享受到品尝美食的乐趣，还能让我们在忙碌的生活中找到一份宁静和放松。所以，如果你还没有尝试过这种生活方式，那就赶快约上你的闺蜜，一起来享受这个甜蜜的时光吧！

77 整理手机相册

在这个数字化的时代，手机已经成为我们生活中不可或缺的一部分。它不仅是我们与外界沟通的桥梁，更是我们记录生活、留住记忆的工具。

手机相册的意义，首先体现在它能够帮助我们留住瞬间。生活中的每一个瞬间都是独一无二的，它们可能是一次旅行的风景，一次聚会的欢笑，一次成功的喜悦，或者是一次失败的泪水。这些瞬间在我们的脑海中留下深刻的印记，而手机相册让它们永远定格在时间的长河中。

如何有效地整理手机相册

整理手机相册并不是一件困难的事情，需要我们有一颗细腻的心，并使用一些有效的方法。通过整理手机相册，不仅可以让我们的手机运行得更加流畅，也可以让我们的生活变得更加有序。

1. 定期清理手机相册。

2. 按照主题来分类照片。

3. 使用专门的相册管理软件来整理照片。这些软件通常具有强大的分类和搜索功能，可以更有效地管理照片。

4. 定期备份照片。

78 给手机换张漂亮的壁纸

手机壁纸是我们每天打开手机最先看到的东西，它能够直接影响我们的心情。一张漂亮的手机壁纸能让你的手机看起来更加美观。精美的壁纸就像是一幅美丽的画卷，让你心情愉悦，仿佛置身于一个美好的世界。而且，一张独特的壁纸还能让你的手机与众不同，彰显你的个性和品位。

一张色彩鲜艳、图案可爱的壁纸，可以让我们一早起来就充满活力；一张风景如画、意境深远的壁纸，可以让我们在疲惫的时候找到片刻的宁静。手机壁纸就像是我们的情绪调色板，通过更换不同的壁纸，我们可以调整自己的心情，让生活充满色彩。

手机壁纸也是我们展示个性的方式。每个人都有其喜欢的风格和主题，通过选择不同的手机壁纸，我们可以向别人展示自己的喜好和品位。

79 整理电脑桌面

你是否曾经停下忙碌的脚步，静静地欣赏过你的电脑桌面？是否曾经尝试过整理它，让它变得更加整洁有序？

整理电脑桌面也是一种放松的方式。在忙碌的工作之余，我们可以花一些时间来整理电脑桌面，这是一种对生活的热爱和尊重。在这整理的过程中，我们可以感受到从混乱到有序的变化，而这种变化也会带给我们平静和满足。

我们应该将电脑桌面视为一个工作空间，而不是一个存储空间。接下来，我们可以按照以下步骤来整理电脑桌面：

1. 清理无用的文件和应用程序。

2. 创建文件夹：创建多个文件夹，将相关的文件和应用程序放入同一个文件夹中。这样，我们就可以快速地找到我们需要的文件和应用程序。

3. 使用快捷方式：为常用的文件和应用程序创建快捷方式，并将它们放在电脑桌面上。这样，我们就可以快速地打开这些文件和应用程序。

4. 定期整理： 我们应该定期整理电脑桌面，删除那些不再需要的文件和应用程序，同时，还要记得更新快捷方式。

通过以上步骤，我们就可以打造出一个整洁、高效的电脑桌面。然而，整理电脑桌面并不是一次性的任务，而是一个持续的过程，需要我们养成良好的习惯。

在休息日挑战一天不使用手机

挑战一下自己，尝试一天不使用手机，看看会发生什么。

没有手机的一天

起床

吃早餐

写作

午休

吃午饭

练瑜伽

约朋友喝茶

逛街

看电影

晚饭—K 歌

洗澡

为明天做准备

晚安

我们要思考我们与手机之间的关系，我们需要手机，但不能被手机绑架。

在没有手机的一天里，你会发现生活中的很多美好。你会发现，原来生活中有那么多值得我们去欣赏和享受的东西。

 81 **今天用最漂亮的餐具吃饭**

在忙碌的生活中，我们常常忽视生活中的细节。然而，正是这些细节，决定了我们的生活品质。一套漂亮的餐具，就像生活中的一道亮丽的风景，让我们的生活变得更加美好。

餐具的设计和制作，需要考虑到形状、颜色、材质等多种因素。因此，一套漂亮的餐具，就像一件艺术品，充满美感和创意。每次使用这些餐具，都像是在欣赏一场艺术展览。

一套特别的餐具，能够表达我们特别的情感。比如，在生日的时候，选择一套带有生日祝福的餐具；在节日的时候，选择一套带有节日元素的餐具。这些餐具，不仅让我们的餐桌变得更加美丽，也让我们的情感得到了寄托。

想象一下，在一个温馨的夜晚，你坐在餐桌前，面前摆放着一套精致的餐具。这套餐具可能是陶瓷的，光滑细腻，上面绘着美丽的花纹；也可能是玻璃的，透明晶莹，犹如一件件艺术品。你端起碗，轻轻舀起一口热气腾腾的汤，那一刻，你是否感受到了一种从未有过的愉悦？

　　用最漂亮的餐具吃饭，不仅仅是为了追求视觉上的美感，更是一种对生活的热爱和尊重。每一道菜都是用心烹饪出来的，而这套餐具，也是工匠们用心制作出来的。当我们用这样的餐具来品尝美食时，仿佛能感受到那些餐具设计者对生活的热爱和为之付出的努力。当我们看到那些精美的餐具时，我们会更加珍惜手中的每一口食物，因为我们知道，这些食物背后，是无数人的辛勤付出。

82 坚持每天睡前读 10 页书

每天睡前读 10 页书，这看似是一个很容易达到的习惯，实则坚持下来非常不容易，但持之以恒则会为我们积蓄巨大的力量。它不仅能帮助我们充实自己，提升自我，更能让我们在忙碌的生活中找到一个宁静的角落，让心灵得到休息和滋养。

每天睡前读 10 页书是一种自我提升的方式。无论是专业书籍，还是文学作品，都能让我们在阅读中获得新的知识和见解。这些知识和见解会像种子一样，悄悄地在我们的心中生根发芽，日积月累，我们的思维能力和视野都会得到极大的提升和开阔。

在忙碌的一天结束后，我们的心灵往往疲惫不堪。而阅读，就像一杯甘甜的茶，能让我们在安静的夜晚中，慢慢地品味生活的甘甜和苦涩，让心灵得到深深的放松和疗愈。

每天睡前读 10 页书是一种对生活的态度。这种态度告诉我们，无论生活多么忙碌，我们都不能忽视对知识的追求和对智慧的渴望，以下是一些睡前读书的小贴士，希望能为你带来帮助。

1. 选择适合自己的书籍。选择一本轻松、愉快的书籍，睡前尽量不要选择紧张刺激的小说。

2. 创造一个舒适的阅读环境，光线充足，又不会过于刺眼。

3. 设定一个合理的阅读时间，比如 15 分钟到 30 分钟。在这个时间段内，你可以尽情地享受阅读的乐趣，而不用担心会影响睡眠。

4. 在阅读的过程中记录下自己的感受或标记出重要的部分。这样你可以通过回顾这些笔记来复习你在睡前阅读的内容。

83 点一支喜欢的熏香

点一支喜欢的熏香，让它的香气弥漫整个房间，还心灵一片宁静。

点一支熏香，就像是打开了一扇通向内心世界的门。

每一种熏香都有其独特的香气，有的清新淡雅，如同春天的花朵；有的浓郁热烈，如同夏天的阳光；有的深沉宁静，如同秋天的落叶；有的温暖甜美，如同冬天的雪花。这些香气，就像是我们内心的情感和记忆，它们在我们的心中交织，形成了一幅幅美丽的画卷。

点一支熏香，就像是在与自己的内心对话。在这个时候，我们可以静下心来，听听自己内心的声音，感受自己的情感和需求。我们可以在这个过程中，找到自己的平静和安宁，找到自己的力量和勇气。

熏香建议

日点檀香：檀香的香气相对清新，醇厚优雅，香味持久，可调节心情，缓解情绪。

夜点沉香：当一切归于安静，点燃沉香，它的独特芬芳可以平复情绪，将我们送入甜美的梦乡。

84 在阳光明媚时晒一晒被子和枕头

晒被子和枕头是一种对生活的热爱。每当阳光明媚的日子，我会将被子和枕头拿出来晾晒。这种简单的行为，实际上是在向生活表达我们的敬意，让我们更加珍惜当下的时光。

晒被子和枕头是对健康的关注。被子和枕头是我们每天都会接触的物品，它们的清洁程度直接影响我们的睡眠质量。而阳光中的紫外线具有很好的杀菌作用，能够有效地杀死被子和枕头上的细菌、螨虫等，保护我们的健康。因此，定期晒被子和枕头，不仅能够让它们保持干爽，还能够提高我们的生活质量。此外，阳光还能去除被子和枕头上的湿气，使其保持干燥和舒适，这对于预防过敏和呼吸道疾病也有着重要的作用。

晒被子和枕头还是对环保的践行。随着科技的发展，市面上出现了各种各样的清洁产品，但它们往往含有各种化学成分，对环境和人体都有一定的影响。而晒被子和枕头，是一种天然、环保的清洁方式，既能够保护环境，又能够保障我们的健康。看着阳光照射在被子和枕头上，闻着阳光的味道，感受着阳光的温暖，会产生一

种无法用言语表达的幸福感。

晒被子和枕头还能让我们感受到家的温馨。在忙碌的工作之余，可以和家人一起参与这个活动，共同享受这段简单而美好的时光。在这个过程中，我们不仅可以增进彼此的感情，还能够让生活更加充实。

我们需要根据天气和季节的变化，选择合适的时间和方式来晒被子和枕头。例如，在冬天，我们可以选择在阳光最充足的时候晒被子和枕头；而在夏天，我们则需要注意天气，避开下雨前后，以防止被子和枕头因潮气入侵而更加不舒服。

85 给小区的猫猫们拍个照

在这个繁华的城市中，有一群特殊的居民，它们是我们的邻居，也是我们的朋友，这就是小区的猫猫们。它们有的慵懒，有的活泼，有的独立，它们的存在为我们的生活增添了无尽乐趣和温馨。

今天，就让我们一起走进它们的世界，用镜头记录下它们的日常。

给猫猫拍照是一种记录生活的方式。猫猫的生活中充满趣味和温馨，它们的每一个瞬间都值得被记录下来。通过拍照，我们可以留住这些美好的瞬间，让它们成为我们生活中的永恒回忆。当我们翻看这些照片时，就仿佛回到了那个温馨的时刻，感受到了猫咪带给我们的快乐。

在拍摄猫咪的过程中，我们需要寻找合适的角度、光线和背景，以最完美地展现猫咪的魅力。这个过程不仅能锻炼我们的观察能力，还能激发我们的想象力和创造力。同时，我们还可以通过后期处理，将照片变得更加有趣和富有艺术感。

近景：小区的老大——黑咪。性格独立爱自由。

它是一只黑色的短毛猫，身材魁梧，眼神犀利。它喜欢在小区的花坛里晒太阳，享受阳光的洗礼。它身姿优雅，仿佛是一位贵族。每当有人靠近，它总是高傲地抬起头，然后悠然自得地走开。

远景：小区的公主——小花。性格温顺。

它是一只花色的长毛猫，身材娇小，眼睛大大的。她喜欢在小区的草坪上玩耍，追逐蝴蝶和小鸟。每当有人抚摸它，它总是舒服地闭上眼睛，享受这份温暖。

移动拍摄：

灰灰是小区的冒险家，活泼淘气。它是一只灰色的短毛猫，身材瘦小，动作敏捷。它喜欢在小区的楼道里穿梭，寻找新的挑战。它眼神狡黠，总是充满好奇和探索的欲望。每当有人和它玩捉迷藏，它总是能找到最隐蔽的地方躲起来。

光线技巧：

在户外，不要逆着光拍摄，否则拍出来的图像会很黑。

拍摄角度：

你可以直接蹲下拍，否则很容易把拍摄对象矮化。

 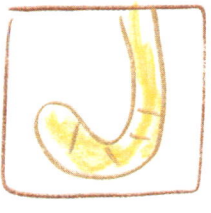

小动物不同于人，拍摄时尽量从侧下方往上拍，以拍出它们浑圆的脸蛋。

背景选择：

背景不能太杂乱，毛色浅的动物要搭配亮丽一点的背景。

86 在冰箱里放满喜欢的食物

想象一下，当你打开冰箱门的那一刹那，一个五彩斑斓的美食世界顿时呈现在你的眼前。各种各样的食物摆放得整整齐齐，色彩鲜艳，令人垂涎欲滴。这里有新鲜的水果、蔬菜，有各种口味的零食，还有琳琅满目的熟食和饮料。每一样食物都是你精心挑选的，它们代表着你的品位和生活态度。

在这个美食乐园中，你可以尽情地品尝各种美味佳肴。每当你感到饥饿时，只需轻轻一拉，就能品尝到美味的食物。这里不需要烦琐的烹饪过程，也没有等待的时间，只有满满的幸福感。你可以在这里找到中意的美食，品尝符合当下心情的风味，感受生活的美好。

当你面对琳琅满目的食物时，你会不自觉地想要尝试新的搭配和烹饪方法。你可以尝试将水果和蔬菜进行混搭，创造出独特的口感；你也可以尝试将熟食和饮料进行组合，发现意想不到的美味。在这个过程中，你会发现自己的厨艺越来越精湛，生活也变得越来越有趣。

那么，如何在冰箱里放满喜欢的食物呢？

1. 规划好冰箱空间：根据食物的种类和保质期，合理安排冰箱的空间。

2. 分类存放：例如，将水果和蔬菜分别放在不同的抽屉里，将熟食和生食分开存放等。

3. 注意食物的摆放顺序：一般来说，较重的食物应该放在下层，较轻的食物放在上层。此外，我们还可以将容易串味的食物做好密封处理分开存放。

4. 定期清理冰箱：每隔一段时间，将冰箱内的食物全部取出，进行清洗和整理。

 **逛一次菜市场，感受人间烟火**

在城市的喧嚣中，有一个地方以其独特的魅力吸引着无数人，这就是菜市场。这里没有豪华的装饰，没有繁复的布局，只有最朴实无华的生活气息和烟火气。

清晨，摊主们早早地摆出各种各样的蔬菜、水果、肉类、海鲜，琳琅满目的商品让人眼花缭乱。每一种商品都有它独特的故事，每一种味道都有它独特的魅力。摊主们用最热情的语言，最实在的价格，迎接着每一个早起的顾客。

菜市场的烟火气，就在这熙熙攘攘的人群中散发出来。每个摊位前，都有人在挑选新鲜的食材，讨价还价的声音此起彼伏，热闹非凡。这里的人们，不论贫富，都能找到属于自己的一份生活乐趣。

在这里，你可以看到忙碌的上班族，匆匆忙忙地买好早餐，赶去上班；你可以看到老奶奶挑选最新鲜的蔬菜，准备为家人做一顿丰盛的午餐；你可以看到年轻的妈妈带着孩子，挑选最健康的食材。

在这里，你可以看到摊贩们在辛勤地劳作，他们早出晚归，挥汗如雨，只为了给人们提供最新鲜、最美味的食物。他们是菜市场里最美的身影。你也可以看到形形色色的顾客，他们用心去感受每一种食物的味道，用心去品味生活中的每一种味道。

逛菜市场，就像是在阅读一本生活的百科全书。你可以看到生活的琐碎，也可以看到生活的美好。你可以看到人们的喜怒哀乐，也可以看到人们的坚韧不拔。你可以看到生活的艰辛，也可以看到生活的乐趣。

88 耳朵凑过去，听泡腾片溶解的声音

在日常生活中，泡腾片是一种常见的药剂，它们在遇到水时会发出独特的"嘶嘶"声，仿佛在演奏一首美妙的乐曲。这种声音，虽然微弱，但却充满生命力，让人感到惊奇和好奇。那么，我们是否可以尝试用耳朵去聆听这首乐曲呢？

首先，我们需要了解泡腾片的工作原理。泡腾片是由药物和泡腾崩解剂组成的，当泡腾片遇到水时，泡腾崩解剂会迅速分解，产生大量的二氧化碳气体，这气体在泡腾片内部形成许多小气泡。随着气泡的不断增大，泡腾片开始释放出药物。这个过程就像一场精彩的表演，令人惊叹不已。

那么，我们如何用耳朵去聆听这首乐曲呢？其实，方法非常简单。

1. 我们需要准备一杯水和一个安静的环境。

2. 将泡腾片放入水中，静静地等待。

3. 你会听到一种"嘶嘶"的声音，这就是泡腾片溶解的声音，刚开始这种声音非常微弱。

4.随着时间的推移，泡腾片内部的气泡越来越多，产生的二氧化碳气体也越来越多。当气泡达到一定数量时，泡腾片就会破裂，释放出药物。这时，你会感到一股强烈的冲击力，仿佛听到了一首激昂的交响乐。

89 学习做一次烘焙

烘焙是一种艺术，也是一种享受。当你走进厨房，打开烤箱的门，那种扑面而来的香气让你顿时忘记一天的疲惫。你会发现在制作过程中，自己变得越来越专注，仿佛整个世界都只剩下你和那些面粉、鸡蛋、糖等食材。在这个过程中，你会慢慢地体会到烘焙的魅力。

在家烘焙，我们可以随心所欲地发挥创意，尝试各种新的配方和口感。我们可以在面团中加入巧克力、果仁、水果等各种食材，让糕点变得更加丰富多彩。当我们从烤箱中取出自己亲手制作的糕点，那种满满的成就感和喜悦是无法用言语来形容的。

1.准备基本的烘焙工具和材料。这些工具包括烤箱、搅拌器、量杯、电子秤、烤盘等；材料则包括面粉、糖、鸡蛋、黄油、泡打粉等。当然，我们还可以根据自己的口味和需求添加不同的食材，如巧克力、水果、坚果等。

2.学习基本的烘焙技巧。例如，如何称量食材、如何搅拌面糊、如何控制烤箱的温度和时间等。这些技巧看似简单，但却对烘焙的成功起着至关重要的作用。因此，我们一定要认真对待，多加练习。

3. 开始尝试烘焙。在烘焙时，我们可能会遇到一些问题，如面糊太稠或太稀、蛋糕发不起来等。这时，不要气馁，而要耐心地分析问题出现的原因，并尝试寻找解决办法。同时，我们还可以通过查阅资料、向有经验的朋友请教等方式，不断提高自己的烘焙水平。

当我们成功地完成自己的第一个烘焙作品时，那种成就感和喜悦是无法用言语来形容的。而这种甜蜜的体验，也将成为我们继续学习和探索烘焙的动力。

尝试做手工饼干

1 准备原材料；

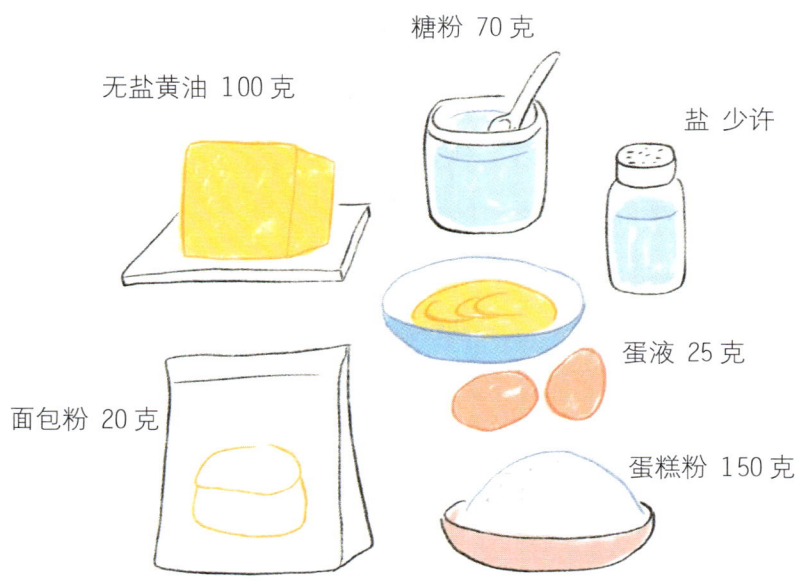

糖粉 70 克

无盐黄油 100 克

盐 少许

蛋液 25 克

面包粉 20 克

蛋糕粉 150 克

❷ 将 100 克无盐黄油放入碗中打散，加入 70 克糖粉、少许盐，搅拌混合；

❸ 加入 25 克蛋液，搅拌均匀；

❹ 用细漏网筛入 150 克蛋糕粉、20 克面包粉，混合均匀；

❺ 将面团放入保鲜袋中，裹起来，用擀面杖擀平整，放在冰箱中，冷藏 1 小时；

❻ 从冰箱中取出后，拉伸至 3 至 4 毫米的厚度，放在冰箱中继续冷藏约 30 分钟；

❼ 用你喜欢的模具压出形状，放到预热至 160℃的烤箱中。

❽ 烘烤 15 至 20 分钟。烤好后，放一边冷却后就可以开动了。

90 一个人在家听音乐

工作、学习、社交……我们的生活中充满各种各样的事情，而真正属于自己的时间却少之又少。然而，有一种快乐，只需要我们静下心来，就能轻易地拥有，那就是一个人在家听音乐的快乐。

想象一下，你刚刚结束了一天的忙碌，回到了自己的小安乐窝。你打开音响，选择了一首喜欢的歌曲，然后静静地坐在沙发上，闭上眼睛，让自己完全沉浸在音乐的世界中。那种感觉，就像是被一股温暖的气流包围，让你忘记所有疲惫和压力。

音乐是一种无国界的语言，它能够跨越种族、文化和年龄的差异，直接触动我们的心灵。当听到一首悲伤的歌曲时，你会感同身受，仿佛自己也经历了那些痛苦和挫折；当听到一首欢快的歌曲时，你会忍不住跟着节奏摇摆，感受到生活的美好和活力。

每个人都有自己喜欢的音乐类型和歌手，这些选择反映了我们的个性和情感。通过分享歌单，可以让别人了解我们的内心世界，也可以找到和自己有共同爱好的人。

91 洗澡的时候大声唱首喜欢的歌

相信很多人听过这首歌，并且会不自觉地跟着哼唱起来。

洗澡时唱歌，是我们释放内心情感的一种方式，那些压抑的情感，都会在歌声中得到宣泄。

每一次唱歌，都是自我疗愈的过程，在音乐的抚慰下，我们感到了安宁和温暖。

我喜欢在洗澡时唱歌，那是一种独特的享受，可以让心灵得到洗涤，让身体得到放松。

健康的洗浴方法

1. 使用温水;

2. 让沐浴露清洁每一寸肌肤;

3. 在洗浴之后使用与自身肤质相符合的保湿产品。

洗澡时的歌声,如同一首美妙的诗篇,它唤醒了我内心的热情,让我明白,生活不仅仅是生存,更要有情感的流动和表达。

❤ 92 用旧 T 恤 DIY

在我们的日常生活中，旧衣物往往被视为无用之物，被随意丢弃或堆积在角落。你有没有想过，这些看似永无出头之日的衣物，只需稍作加工就可以摇身一变成为你的心爱之物？

今天，就让我们一起探索一下如何用旧 T 恤进行 DIY，让它们焕发出新的生命光彩。

准备一些工具和材料：

准备剪刀、线、针和各种装饰物（如珠子、丝带、纽扣等），当然还有你希望改造的旧 T 恤。

接下来，就可以开始我们的 DIY 之旅了。

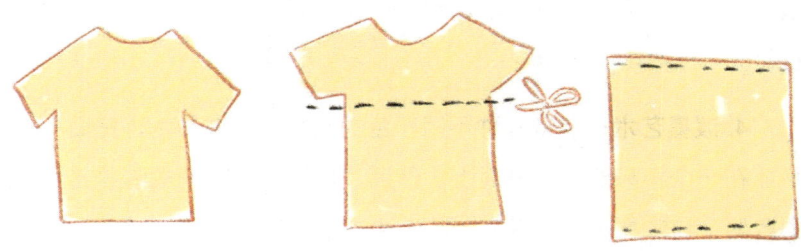

1. 制作 T 恤裙： 如果你有一件过大或者过小的 T 恤，不妨试试将它改造成一条时尚的 T 恤裙。将 T 恤的下摆剪掉，然后沿着边缘向内折约 1.5 厘米的距离缝合起来，最后根据自己的腰围穿入长短合适的松紧带。你还可以在裙子上添加一些装饰物，如丝带、珠子等，让你的 T 恤裙更加独特。

2. 制作 T 恤袋： 如果你有一些不再穿的 T 恤，可以将它们改造成实用的 T 恤袋。只需要将 T 恤的两只袖子剪掉，然后将剩下的部分底部缝合，最后 T 恤袋的最上面缝上适合拎东西的带子，你就可以得到一个简单实用的 T 恤袋了。

3. 制作 T 恤抱枕：

如果你喜欢抱着枕头看电视或者睡觉，那么你可以试着将你的旧 T 恤改造成一只可爱的抱枕。只需要将 T 恤的两只袖子剪掉，然后将剩下的部分剪成你想要的形状，

填充上填充物后缝合在一起，你就可以得到一只独一无二的 T 恤抱枕了。

4. 泼墨艺术：准备几种不同颜色的织物染料或墨水，把旧 T 恤平放在一个容易清洗的表面上。然后，用刷子、喷枪或者装着墨水的容器，随意在 T 恤上抛洒、喷洒或滴落颜料，创造出独特的艺术效果。

5. 钉饰装饰：将钉子、金属图钉、珠子等装饰物固定在 T 恤上。可以在领口、袖口、口袋或图案上加入一些亮丽的金属装饰，使 T 恤更加引人注目。

93 自己做一次美甲

让我们一起走进这个指尖上的艺术世界，体验一次美甲之旅吧！

准备以下工具：

死皮钢推、死皮剪、砂条、美甲的底油、喜欢的指甲油、美甲的亮油（顶油）、指甲装饰物。

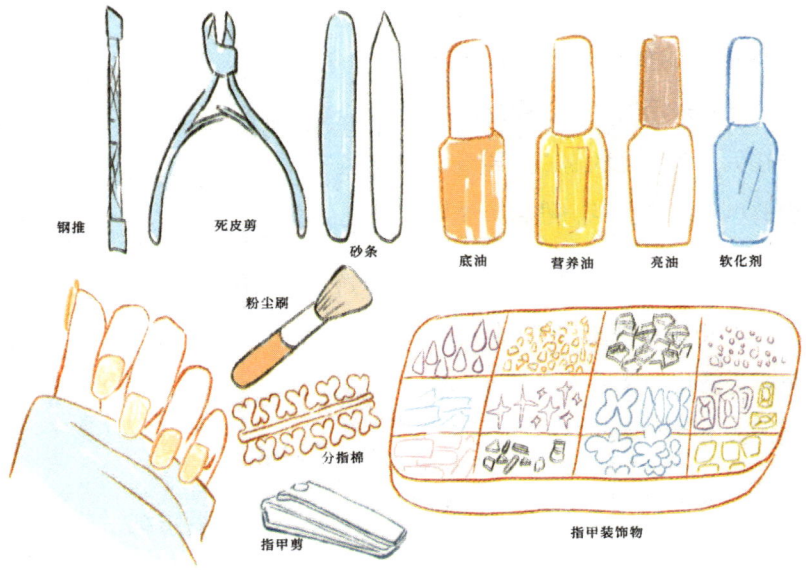

钢推　　　死皮剪　　　砂条　　　底油　营养油　亮油　软化剂

粉尘刷

分指棉

指甲剪

指甲装饰物

做美甲的基本步骤：

1. 洗干净双手，用死皮钢推从指甲的根部开始把死皮推起。推起来污垢之后，用死皮钢推在另一头轻轻地划去，再用死皮剪小心地剪去刚刚推起来的死皮。

2. 用砂条把指甲磨成我们想要的形状，这一步可以帮助我们打造出漂亮的指甲。

3. 在指甲表面涂上一层底油。这样可以有效地增强指甲的硬度，从而保护指甲。

4. 底油完全干透后，涂上自己喜欢的指甲油。这一步可以涂两层，因为通常两层颜色和光泽的效果会更好。但要一层完全干透了之后再涂第二层。

5. 涂一层亮油。亮油可以让我们的指甲油颜色更加持久，不容易脱落。

6. 贴上指甲贴纸，让美甲更加独特和个性化。

94 认真做一次脚部护理

脚是我们身体的基石，承载着我们的体重，帮助我们行走、跑步和跳跃。然而，由于长时间的站立、走路或穿不合适的鞋子，我们的脚部容易出现各种问题，如疼痛、肿胀、皮肤干燥等。

为了保持脚部的健康和舒适，我们需要对它们进行适当的护理。以下是一些实用的脚部护理小贴士，可以让你的脚部焕发活力。

1. 泡脚： 每天晚上用温水泡脚 15 ~ 20 分钟，可以缓解一天的疲劳，促进血液循环，有助于消除脚部的水肿和疼痛。泡脚时加入一些精油或盐，效果更佳。

2. 去角质： 每周进行一次脚部去角质，可以帮助去除死皮细胞，让脚部皮肤更加光滑。可以使用专门的脚部去角质磨砂膏，也可以使用天然的磨砂材料，如糖、海盐等。

3. 保湿： 洗完脚后，要记得涂抹保湿霜或乳液，以保持脚部皮肤的水分，干性皮肤的人更要如此。脚部的角质层较厚，容易干燥，所以我们需要定期使用保湿霜或者护足油来滋润脚部。涂抹时，我们可以从脚趾开始，用指腹轻轻按摩，直到完全吸收。

4. 修剪脚趾甲：定期修剪脚趾甲，避免趾甲过长导致趾甲内翻或外翻。修剪趾甲时要注意不要剪得过短，以免损伤甲床。

5. 选择合适的鞋子：穿合适的鞋子对脚部健康至关重要。鞋子的大小要合适，不要过大或过小；鞋子的材质要透气，避免长时间穿着不透气的鞋子脚部出汗过多；鞋子的鞋底要有一定的厚度和弹性，以减轻脚部承受的压力。

6. 按摩：定期为脚部进行按摩，可以帮助放松肌肉，缓解疼痛。可以使用按摩油或乳液，也可以使用指压法进行按摩。足部有许多穴位，通过按摩可以促进血液循环，缓解疲劳。我们可以用手指按压脚底的涌泉穴，或者使用按摩棒进行深层按摩。

7. 休息：在长时间站立或行走后，要让脚部得到充分的休息。可以坐下来抬高双脚，或者进行简单的脚踝运动，以帮助恢复脚部的活力。

让我们从现在开始关注自己的脚部，让它们在我们的生活中焕发活力吧！

95 修一修眉毛，会有意想不到的惊喜

眉毛，是眼睛的守护神，也是面部表情的点睛之笔。一双美丽的眉毛，不仅能为你的五官增光添彩，还能让你的气质瞬间提升。那么，如何修出一双美丽的眉毛呢？

下面就为大家分享一些修眉毛的小贴士，让你的眉毛瞬间焕发魅力！

1. 了解你的眉形

首先，你需要了解自己的眉形。人的眉形千差万别，有的人眉毛比较浓密，有的人眉毛比较稀疏。了解自己的眉形有助于你更好地修剪眉毛，使其更加符合自己的脸型和气质。

六种眉型与适合脸型

鹅蛋脸

方脸

所有脸型

圆脸

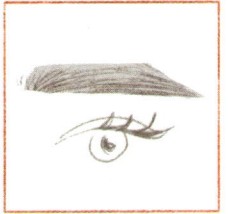

长脸

菱形脸

2. 选择合适的工具

修眉毛的工具有很多，如眉笔、眉粉、眉刷、镊子等。选择适合自己的工具可以让你更加轻松地修饰眉毛。一般来说，初学者可以先从眉笔开始，熟练后再尝试其他工具。

3. 保持眉毛的自然弧度

在修眉毛时，要注意保持眉毛的自然弧度。不要过于追求完美，否则可能会让眉毛看起来生硬不自然。你可以先画出眉毛的轮廓，然后再用眉刷轻轻刷开，使眉毛看起来更加自然。

4. 注意眉毛的长度和粗细

修眉毛时，要注意眉毛的长度和粗细。一般来说，眉毛的长度应该与眼睛的水平线保持一致，而粗细则要根据自己的脸型和气质来调整。如果你的脸型较圆，可以选择粗一点的眉毛；如果你的脸型较瘦，可以选择细一点的眉毛。

5. 定期修剪眉毛

为了让眉毛保持最佳状态，你需要定期修剪眉毛。一般来说，每个月修剪一次就足够了。在修剪时，要注意不要剪得太短，以免影响眉毛的生长。

6. 学会画眉毛

除了修剪眉毛外，学会画眉毛也是非常重要的。画眉毛可以让你的眉毛看起来更加立体和有神。你可以在网上找一些画眉毛的教程，跟着学习，逐渐掌握画眉毛的技巧。

 **旅行路上，给亲友寄一张明信片**

明信片，这个看似普通的小物件，却承载着我们的思念和祝福。它不仅是我们旅行的见证，也是我们与亲友之间的一种情感连接。每当在旅行的路上看到美丽的风景，或者体验到不同的文化，我们都可以通过明信片将这些美好的瞬间分享给亲友。

收件人所属地区邮编

你想说的话

贴邮票

收件人地址　姓名

寄件人地址　姓名

寄件人所属地区邮编

97 制作一本相簿，打印出来

在我们的生活中，照片是记录美好瞬间的常用方式。每一张照片都承载着我们的记忆和情感，而一本精心制作的手工相簿，可以将这些记忆和情感完美地保存下来。今天，就让我们一起来探索一下如何制作一本独一无二的手工相簿吧！

1. 准备材料，如卡纸册、照片打印机、剪刀、胶水、装饰物等。

卡纸册

2. 挑选最有纪念意义的照片。

3. 将这些照片打印出来，剪裁成合适的大小。

4. 将照片按照时间顺序排列，粘贴在卡纸册上。可以写上日期，让它成为我们生命中的独特印记。

5. 为相册添加一些装饰物。

当相册完成时，我们会惊讶地发现，原来我们已经走过了这么多的路，经历了这么多的故事。这本相册不仅仅是一本记录回忆的工具，更给予了我们不断前行的动力。

 98 **难过的时候，去看一看大海**

难过的时候，就去看一看海吧。

澄澈的空气、自在的海风仿佛都在耳边鼓动着你——去看海吧，听一听大自然的声音吧……

当我们遭遇困难，感到难过的时候，不妨试试这样一个疗愈的方法，那就是去看一看海。

那片广袤的蓝色，能够带给人们宁静和力量。如同海子在诗中所写的那样："我有一所房子，面朝大海，春暖花开。"大海如同天空，海边如同世外桃源，大海总是给人一种美好的向往与寄托。

站在海边，我们能感受到微凉的海风拂过脸庞，那种感觉能够淡化内心的痛苦。汹涌的海浪冲击着礁石，礁石却岿然不动，我们在生活中也会遭遇这样或那样意想不到的困难，需要我们如礁石一样坚强面对，慢慢消化。海浪的声音，如同大自然发出的冥想音，疗愈着我们的内心，静静听，觉得世界都安静下来了，心情也慢慢恢复平静。

99 给自己买一束花

给自己买一束花。

在寂静的午后，让花语与心语相通。

花瓣轻舞飘飘，如同生命的颤动；鲜艳的颜色，勾勒出幸福的微笑。

让花语在心间低语，唤醒沉睡的梦想。

给自己买一束花，是一种对自己的犒赏，也是一种对生活的热爱。

在忙碌的生活中，我们常常会感到疲惫不堪，心灵也会变得干涸。而这一束花，就像是

一汪清泉，让你的心灵得到浇灌，得到滋润，让你的精神焕发出活力。给自己买一束花，是一种对自己的关爱，也是一种对心灵的滋养。

当你拿着这束花回到家中，你会发现，原来家里也可以有这样美丽的存在。这时，你会开始思考自己的生活，思考自己的价值观，思考自己的人生目标。这束花，就像是一面镜子，让你看到了自己

的内心世界，让你更加清晰地认识到自己。给自己买一束花，那将是幸福的一天。

 100 **冬天来了，读一读诗吧**

冬日让人想靠近温暖的人事物，比如热乎乎的奶茶，比如温暖的怀抱，比如读一读诗歌。读诗歌是一次心灵的旅行，一种生命的升华、古往今来，无数中外文人墨客写下了关于冬天的不朽诗篇。

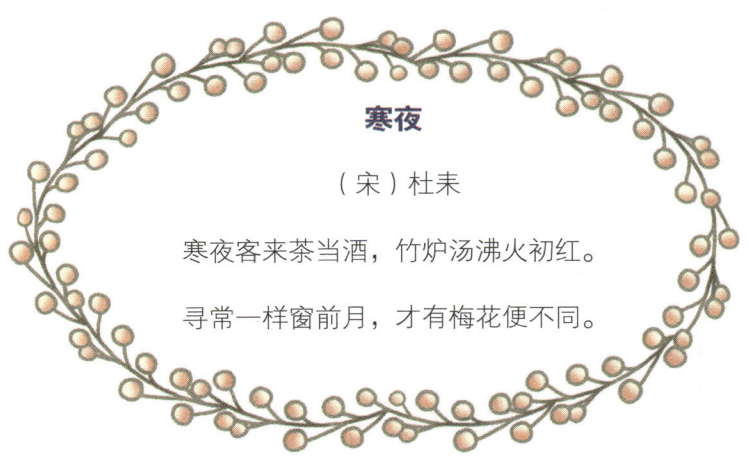

寒夜

（宋）杜耒

寒夜客来茶当酒，竹炉汤沸火初红。

寻常一样窗前月，才有梅花便不同。

《说文解字》中对"冬"字的解释是："冬，四时尽也。"人生就像是在冬夜中冒雪前行，没有谁能轻松地抵达终点。

After the Winter
冬天过后

【美】克劳德·麦凯 (Claude McKay, 1889—1948)

Some day, when trees have shed their leaves

And against the morning's white

The shivering birds beneath the eaves

Have sheltered for the night,

We'll turn our faces southward, love,

Toward the summer isle

Where bamboos spire to shafted grove

And wide-mouthed orchids smile.

And we will seek the quiet hill

Where towers the cotton tree,

And leaps the laughing crystal rill,

And works the droning bee.

And we will build a cottage there beside an open glade,

With black-ribbed blue-bells blowing near,

And ferns that never fade.

某天，当树木抖落身上的叶子，

在晨曦的印衬下，

瑟瑟发抖的小鸟在檐下躲避了一夜。

亲爱的，我们会面朝南方，

看着夏日的小岛。

那里翠竹破土，幽兰绽放。

我们将寻找那宁静的山丘，

那里木棉高耸，小溪欢腾，

嗡嗡的蜜蜂辛勤劳作。

我们会在开阔的空地上建造一栋小屋，

黑脉风铃草随风轻舞，

还有蕨草四季常青。

这首诗充满了对春日的憧憬，我们几乎可以触摸到万物复苏的脉动。

做这些爱自己的事，会让自己由内到外感到幸福，人生像一条浪漫的旅途，在这条旅途中，我们会遇见真正的自己，发现生活中的美好，会体验到成长的喜悦。

做爱自己的事，就是让我们学会照顾自己。

在生活中，我们可能会遇到各种挫折和困难，这时候，我们需要给自己足够的关怀和慰藉。爱自己就是要照顾好自己的身体和心灵。身体是我们的生命之舟，保持健康是对生命的尊重。适量的运动、均衡的饮食、充足的睡眠，这些看似简单的日常习惯，实则是对自己最基本的关爱。同时，心灵的滋养也不容忽视。无论是通过阅读、旅行还是与朋友深谈，找到能够让自己心灵得到放松和充实的方式，是善待自己的重要方式。

无论是一顿美食、一场旅行，还是一次深呼吸，都是对自己的一种照顾。照顾好自己，才能有足够的能量去面对生活的挑战。

你若有爱，生活处处都可爱，每一天都是晴天。

愿此刻，我们的心里都照进了拥有绿叶味道的阳光。

带着"热爱"去生活，这也许才是我们活着最好的样子吧。